茉莉花茶

生产与加工

罗莲凤　陈海生　赵云雄　王云仙◎主编

Molihuacha

Shengchan yu Jiagong

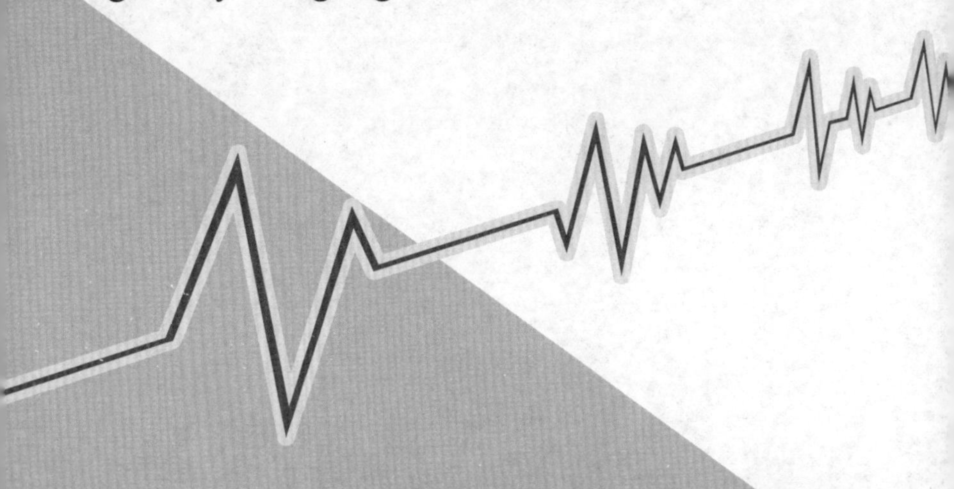

中国农业出版社
北　京

编 写 人 员

主　编　罗莲凤　陈海生　赵云雄　王云仙

副主编　梁光志　尹军峰　覃仁源　吴妃妃　刘宝贵

编　者　（以姓氏拼音为序）

陈海生　陈　静　陈远权　冯彩丽　冯红钰

冯文珍　冯智慧　高斯婷　何雪梅　江其柳

李金婷　李亦凡　梁光志　刘宝贵　刘汉焱

罗莲凤　覃仁源　唐雅园　滕　秋　王玉婉

王云仙　王志岚　魏宗游　吴妃妃　姚恩琪

尹军峰　张铭铭　赵云雄

前　言

茉莉花茶是我国特有的茶类，主要产于我国福建、广西、四川、云南、浙江、江苏等省份。“茶引花香、花增茶味”是茉莉花茶的品质特征。茉莉花茶香气馥郁芬芳、滋味醇厚，而且具有独特保健功效，深受广大消费者喜爱。

茉莉花最早起源于古罗马帝国，东汉年间沿着丝绸之路传入中国。但据文献记载，广西横州种植茉莉花的历史已有400余年。横州市是“中国茉莉之乡”，目前横州生产的茉莉花分别占全国茉莉花总产量的80%、世界茉莉花总产量的60%，做到“全球10朵茉莉花，6朵来自广西横州”的傲人成绩。2019年，横州被评为“世界茉莉花都”，一跃成为世界四大花都之一，也成为全世界最大的茉莉花及茉莉花茶生产基地。

本书详细介绍了以广西横州为代表的全国茉莉花种植、加工和销售等产业现状，并对茉莉花种植和管理、茉莉花茶加工原理及工艺技术、营养与保健功效进行了阐述，介绍了不同类型的茉莉花茶，列举了有关茉莉花茶的标准。

本书通俗易懂，融知识性和趣味性于一体，是一本让广大读者了解茉莉花和茉莉花茶的科普书籍。

编　者

2024年6月

目　录

前言

第一章　我国茉莉花产业现状 …… 1

第一节　茉莉花的主要品种 …… 1

一、单瓣茉莉 …… 1

二、双瓣茉莉 …… 1

三、多瓣茉莉 …… 2

第二节　我国茉莉花种植区域 …… 2

第三节　我国茉莉花产销现状 …… 3

一、茉莉花生产情况 …… 3

二、茉莉花茶加工情况 …… 6

三、茉莉花销售情况 …… 8

第二章　横州茉莉花产业现状 …… 10

第一节　横州茉莉花历史渊源 …… 10

第二节　横州茉莉花种植现状 …… 11

第三节　横州茉莉花加工现状 …… 11

一、毛茶加工现状 …… 12

二、烘青毛茶精制 …… 19

三、茉莉花的窨制工艺现状 …… 20

四、茉莉六堡茶加工技术现状 …… 22

第四节 横州茉莉花产销现状 …… 23
一、横县茉莉花的产销历史 …… 23
二、2021年、2022年横州茉莉花的产销情况 …… 24
三、2022年横州茉莉花在全国产销中的地位 …… 24
四、横州茉莉花的销售新趋势 …… 26

第三章 茉莉花种植和管理 …… 28

第一节 茉莉花的苗木繁殖 …… 28
一、扦插繁殖 …… 28
二、分株繁殖 …… 34
三、压条繁殖 …… 34
第二节 茉莉花生产园建园 …… 35
一、选地、整地和定植 …… 36
二、中耕 …… 37
三、灌溉 …… 37
四、施肥 …… 37
五、疏叶 …… 39
六、台刈 …… 39
七、防冻 …… 40
八、修剪 …… 41
九、摘蕾 …… 42
十、病虫害防治 …… 42
第三节 茉莉花生产管理技术 …… 42
一、优良品种选择 …… 42
二、种植环境条件 …… 43
三、茉莉育苗技术 …… 43
四、移栽 …… 45
五、茉莉花的修剪、短截 …… 45
六、肥水管理 …… 47

七、茉莉花的采收与储运 …… 47
第四节　茉莉花主要病虫害及其防治 …… 48
一、茉莉花主要病害及防治 …… 48
二、茉莉花主要虫害及防治 …… 49
第五节　茉莉鲜花采摘与储运 …… 49
一、茉莉鲜花的采摘 …… 49
二、茉莉鲜花的储运 …… 50

第四章　茉莉花茶加工 …… 51

第一节　茉莉花茶窨制原理 …… 51
一、香花挥发性化合物特征、形成及调控 …… 51
二、茶叶的吸附特性 …… 56
第二节　茉莉花茶传统窨制工艺 …… 63
一、工艺流程 …… 63
二、工艺操作要点 …… 64
第三节　茉莉花茶增湿连窨工艺 …… 72
一、应用 …… 73
二、工艺流程 …… 73
三、工艺技术要点 …… 74

第五章　茉莉花茶的种类和品鉴 …… 76

第一节　花茶的种类和品质特征 …… 76
一、烘青茉莉花茶 …… 76
二、炒青茉莉花茶（含半烘炒） …… 77
三、特种茉莉花茶 …… 78
四、茉莉花茶碎茶和片茶 …… 79
五、茉莉花速溶茶与茶水 …… 79
六、主要名优产品 …… 80
第二节　茉莉花茶的营养与保健功效 …… 82

一、降血糖和防治糖尿病 …… 83
二、降血脂和防治高脂血症 …… 84
三、抗氧化和抗衰老 …… 84
四、增强免疫力 …… 85
五、抑制癌细胞活性 …… 86
六、抑菌、去除口腔异味 …… 87
七、抗抑郁 …… 88
八、其他功效及应用 …… 89
第三节　茉莉花茶的产品类型 …… 89
一、级型茉莉花茶 …… 89
二、特种茉莉花茶 …… 90
三、造型工艺花茶 …… 90
四、其他分类 …… 90
第四节　茉莉花茶的品鉴 …… 90
一、观色——茉莉花茶的色泽与清澈度 …… 90
二、闻香——茉莉花茶的香气与层次感 …… 96

参考文献 …… 101

附录 …… 105
附录一　GB/T 22292—2017《茉莉花茶》 …… 105
附录二　GB/T 34779—2017《茉莉花茶加工技术规范》 …… 114

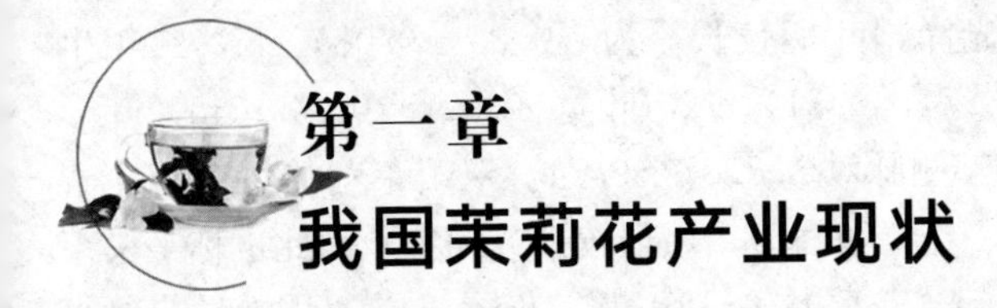

第一章 我国茉莉花产业现状

第一节　茉莉花的主要品种

一、单瓣茉莉

单瓣茉莉植株较矮小，高 70～90 cm，树姿开张，分枝较稀，茎枝较细，呈藤蔓型，故有藤本茉莉之称。茉莉叶片为单叶对生，叶全缘，卵圆形，网状脉，叶面微隆，叶尖渐尖或钝尖，叶基近圆。单瓣茉莉叶色淡绿色至绿色，叶柄较短，为（0.28±0.10）cm，经过台刈复壮后的单瓣茉莉叶长（7.94±1.23）cm，叶宽（5.17±0.85）cm，叶形指数 1.55±0.18，侧脉对数 5.83±0.92。单瓣茉莉的每个花序着生 3～9 朵花。花柄长约 1 cm，花萼 6～8 齿，花冠单层，开放时花冠直径 3.1～3.5 cm；花瓣数较少，6～9 枚，多数为 7～8 枚，花瓣呈椭圆形，表面有微皱；花冠管较长，为 1.3～1.5 cm；雄蕊 2 枚，着生于花冠管壁上，雌蕊 1 枚，与雄蕊等长；花蕾较尖长，且小而轻，伏花百花重 20～24 g。叶乃兴等（2007）用单瓣茉莉窨制的茉莉花茶，香气浓郁，滋味鲜爽，为双瓣茉莉所不及。单瓣茉莉耐旱性较强，适于在山脚、丘陵坡地种植，但产花量不及双瓣茉莉，每亩* 产量为 150～200 kg，产量高时也不超过 400 kg，同时，单瓣茉莉不耐寒，不耐涝，抗病虫能力弱。

二、双瓣茉莉

双瓣茉莉植株高 100～150 cm，树姿半开张或直立，分枝较

---

* 亩为非法定计量单位，1 亩＝1/15 hm^2≈667 m^2。——编者注

密，茎枝较粗硬，为直立丛生灌木。双瓣茉莉叶色绿色或浓绿色，叶质较厚且富有光泽，叶柄较长，为（0.35±0.08）cm，二年生双瓣茉莉叶长（6.74±0.31）cm，叶宽（4.23±0.24）cm，叶形指数1.60±0.10，侧脉对数5.87±0.54。双瓣茉莉的每个花序着生花蕾3～17朵，花蕾卵圆形，顶部较平或稍尖，因此也称平头茉莉。花柄长约1 cm，花萼数6～10齿，花冠双层，开放时花冠直径2.5～3.5 cm，花瓣较多，12～17枚，多数为13～15枚，花冠基部以覆瓦状联合排列成两轮，内轮花瓣数5～10枚，花冠管较长，为1.2～1.5 cm，外轮花瓣数6～9枚，花冠管较短，为1.0～1.1 cm；雄蕊2枚，雌蕊1枚，比雄蕊长；梅花百花重21～23 g，伏花百花重28～30 g，秋花百花重25 g左右。叶乃兴等（2007）用双瓣茉莉花窨制的花茶香气醇厚浓烈，虽不及单瓣茉莉花茶鲜灵、清纯，但双瓣茉莉枝干坚韧，抗逆性较强，较耐寒、耐湿，易于栽培，单位面积产量高。目前我国各地种植的主要是双瓣茉莉。

三、多瓣茉莉

多瓣茉莉枝条有较明显的疣状突起。叶片浓绿，花蕾紧结，较圆而短小，顶部略呈凹口。花冠裂片（花瓣）小而厚，且特别多，一般16～21片，基部呈覆瓦状联合排列成3～4层，开放时层次分明，单片花瓣卵圆小碗形状，尖端平或者带尖，因此又称重瓣茉莉。雄蕊2～3枚，雌蕊1枚。多瓣茉莉花开放时间拖得很长，香气较淡，产量较少，作为窨制花茶的鲜花不甚理想，但其耐旱性强，在山坡旱地生长健壮；如通过与优良的单瓣或双瓣茉莉品种进行杂交选育（或嫁接），很可能获得抗性强、质量好、产量高的茉莉花新品种（新植株）（陈殷，2013）。

第二节　我国茉莉花种植区域

茉莉花原产波斯湾附近，引入中国后目前主要分布于我国福建、广西、四川、云南等省份（叶乃兴，2021），栽培品种可根据花冠层数分为单瓣茉莉、双瓣茉莉和多瓣茉莉 3 种，其中，福州单瓣茉莉是福州特有的品种，双瓣茉莉是目前我国大面积种植的主要品种（叶乃兴等，2017）。2019 年，中国茉莉花种植面积稳中略增，为 1.29 万 hm^2，较 2018 年增长 3.8%。在茉莉花四大主产区中，广西横州种植面积 7 533 hm^2，占全国茉莉花种植面积的 58.4%；四川犍为 3 400 hm^2，占 26.36%；福建福州 1 666 hm^2，占 12.92%；云南元江 300 hm^2，占 2.33%。全国茉莉花产量持续增长，2019 年，茉莉花总产量 12.8 万 t，较 2018 年增长 6.1%。其中，横州茉莉花产量 9.6 万 t，占全国茉莉花总产量的 3/4；犍为 1.4 万 t，占 10.9%；福州 1.1 万 t，占 8.6%；元江 0.7 万 t，占 5.5%（刘仲华，2021）。广西横州于 2000 年被评为“中国茉莉之乡”。目前横州生产的茉莉花分别占全国茉莉花总产量的 80%、世界茉莉花总产量的 60%，做到“全球 10 朵茉莉花，6 朵来自广西横州”的傲人成绩。2019 年，横州被评为“世界茉莉花都”，成为全世界最大的茉莉花及茉莉花茶生产基地，横州在世界上一举打响名气！

第三节　我国茉莉花产销现状

目前，我国茉莉花的主产地为广西壮族自治区横州市、四川省犍为县、福建省福州市、云南省元江哈尼族彝族傣族自治县。这四个产区的茉莉花产量占全国的 90%以上，基本可以代表全国的总体情况。

一、茉莉花生产情况

（一）种植面积

2019—2022 年，全国茉莉花种植面积呈先下降后上升的趋势（图 1-1）。2021 年种植面积 18.62 万亩，同比 2020 年减少 3.82%；2022 年种植面积 19.3 万亩，同比 2021 年增长 3.65%。如图 1-2 所示，2019—2022 年，四大主产区中，广西横州茉莉花种植面积呈稳步增长的趋势，增幅 13.27%；四川犍为、福建福州、云南元江茉莉花种植面积总体下降，降幅分别为 15.69%、28.00%、11.11%。

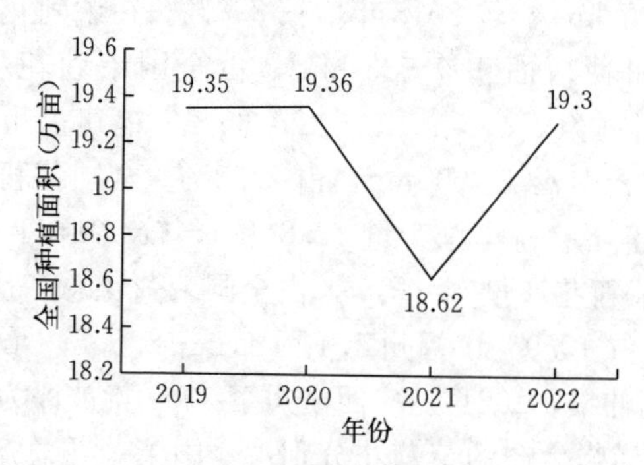

图 1-1　2019—2022 年全国茉莉花种植总面积走势

资料来源：中国茶叶流通协会。

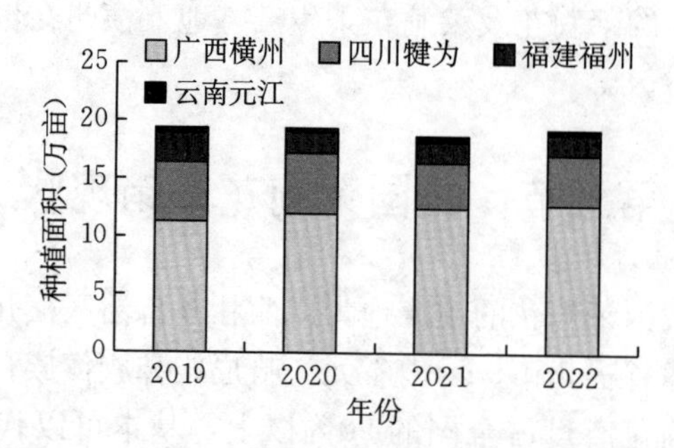

图 1-2　2019—2022 年四大产区茉莉花种植面积

资料来源：中国茶叶流通协会。

（二）产量与产值

2019—2022 年，全国茉莉花总产量与农业总产值同步增长（图 1-3）。2022 年，全国茉莉花总产量达 13.37 万 t，较 2019 年整体增幅 4.45%；全国茉莉花总产值达 37.24 亿元，较 2019 年整体增幅 22.9%。如图 1-4 所示，2019—2022 年，四大主产区中，广西横州和四川犍为茉莉花总产量略有增长，与 2019 年相比，

2022 年分别增长 0.4 万 t、0.7 万 t；福建福州、云南元江分别减少 0.21 万 t、0.27 万 t。

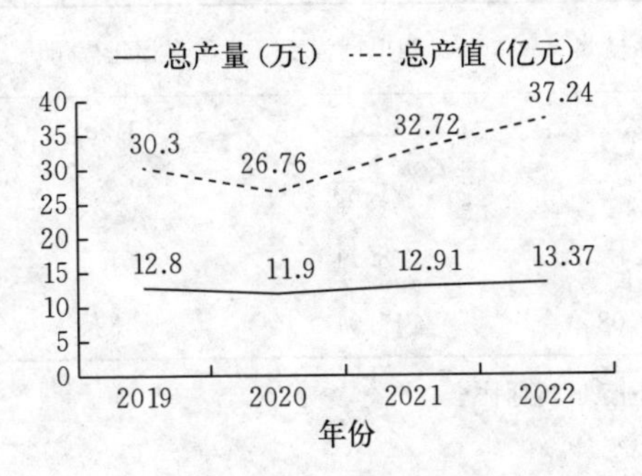

图 1-3　2019—2022 年全国茉莉花总产量与总产值走势

资料来源：中国茶叶流通协会。

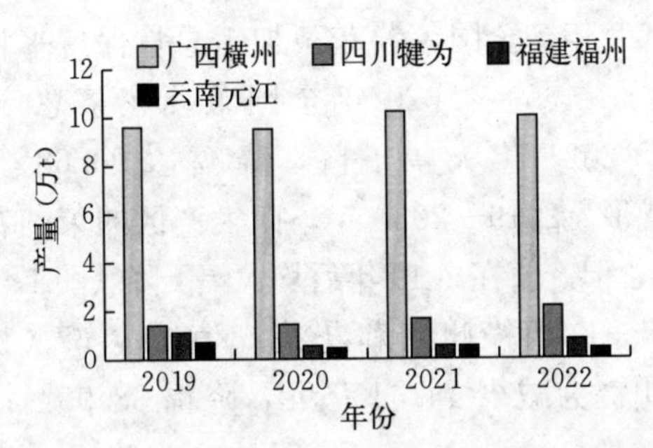

图 1-4　2019—2022 年四大产区茉莉花产量

资料来源：中国茶叶流通协会。

（三）鲜花收购均价

2019—2022 年，全国茉莉鲜花收购均价增减不一（表 1-1），四大产区中，广西横州、福建福州、云南元江三大产区茉莉鲜花收购均价总体呈上升趋势，四川犍为则明显下降。其中，福建福州收购均价最高，2022 年达 52 元/kg，广西横州与云南元江相差不大，2022 年收购均价分别为 28.08 元/kg、27.91 元/kg，四川犍为最低，仅 17.91 元/kg。

表 1-1　2019—2022 年四大产区茉莉鲜花收购均价

单位：元/kg

年份	广西横州	四川犍为	福建福州	云南元江
2019	22.5	22.14	34.55	25.71
2020	21.05	21.69	50	22.27
2021	24	18.11	51.5	22.64
2022	28.08	17.91	52	27.91

资料来源：中国茶叶流通协会。

二、茉莉花茶加工情况

（一）加工总量

2019—2022 年，全国茉莉花茶加工总量保持平稳，但总产值大幅下降（图 1-5）。2020 年全国茉莉花茶总产值最高，为 125.38 亿元，2021 年大幅下降，降幅达 90.68%，2022 年与 2021 年基本持平。2019—2022 年，四大产区的茉莉花茶加工总量保持平稳状态，但产值在 2019 年后均大幅下降（图 1-6，表 1-2）。2019—2022 年，广西横州茉莉花茶产值减少 67.01 亿元，降幅 89.33%；四川犍为减少 14.41 亿元，降幅 88.95%；福建福州减

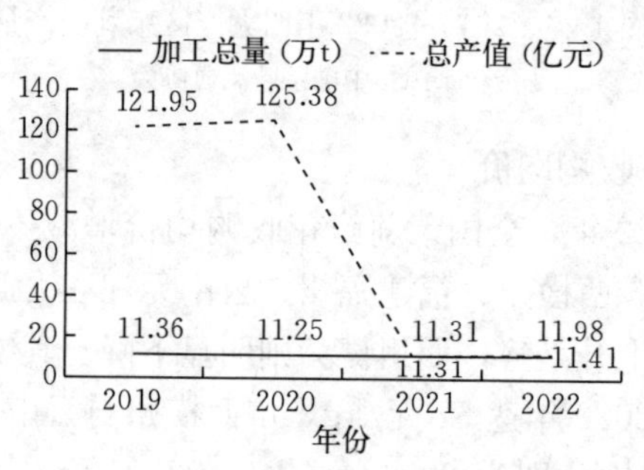

图 1-5　2019—2022 年全国茉莉花茶加工总量、总产值走势

资料来源：中国茶叶流通协会。

少 23.75 亿元，降幅 93.14%；云南元江减少 4.8 亿元，降幅 92.31%。

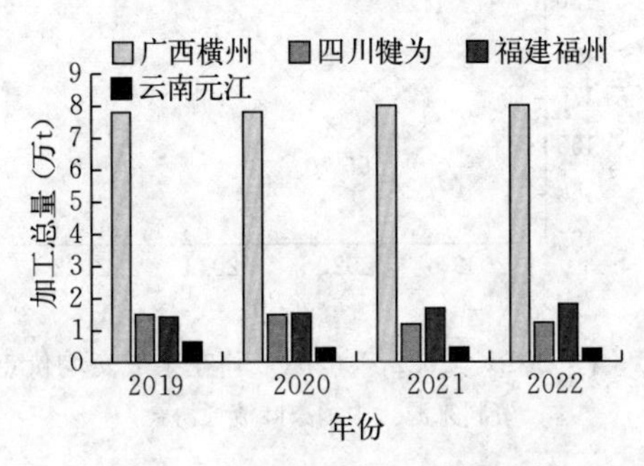

图 1-6　2019—2022 年四大产区茉莉花茶加工总量

资料来源：中国茶叶流通协会。

表 1-2　2019—2022 年四大产区茉莉花茶产值

单位：亿元

年份	广西横州	四川犍为	福建福州	云南元江
2019	75.01	16.2	25.54	5.2
2020	83	15.9	25.5	0.98
2021	8	1.18	1.68	0.45
2022	8	1.79	1.79	0.4

资料来源：中国茶叶流通协会。

（二）成交均价

2019—2022 年，全国茉莉花茶成交均价整体呈上升趋势（图 1-7）。2020 年全国茉莉花茶成交均价最低，仅 165.70 元/kg，2022 年最高，为 184.89 元/kg。如表 1-3 所示，四大产区中，2019—2022 年，广西横州、福建福州茉莉花茶成交均价总体上升，涨幅分别为 26.08%、4.58%；四川犍为基本保持平稳；云南元江略有下降，降幅为 10.77%。

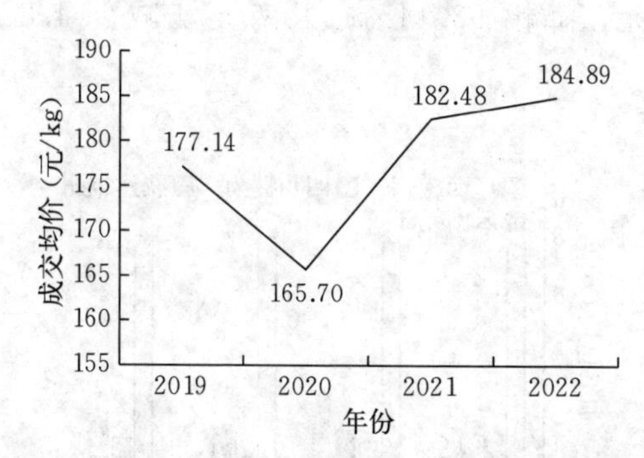

图 1-7 2019—2022 年全国茉莉花茶成交均价走势

资料来源：中国茶叶流通协会。

表 1-3 2019—2022 年四大产区茉莉花茶成交均价

单位：元/kg

年份	广西横州	四川犍为	福建福州	云南元江
2019	96.17	108	423.15	81.25
2020	106.41	106.71	427.42	22.27
2021	113.75	101.69	440.24	74.22
2022	121.25	103.28	442.52	72.5

资料来源：中国茶叶流通协会。

三、茉莉花销售情况

（一）内销市场

2022 年，我国茉莉花内销量 10.88 万 t，占 2022 年度全国茶叶内销量（239.75 万 t）的 4.54%，同比增长 2.31%；内销额 233.56 亿元，占 2022 年度全国茶叶销售额（3 395.27 亿元）的 6.88%，同比增长 7.58%。在内销市场，广西横州茉莉花茶长期居于市场主流，占市场销量的 70%左右。近年来，随着各地区对茉莉花茶产业的重视与发展，市场中的产品来源更加丰富，并逐步形成稳定品质特征。相关销区市场调研显示，消费者在茉莉花茶上的消费偏好逐渐向中高档品质转移。

（二）外销市场

据中国海关统计（表 1－4）：2022 年，中国茉莉花茶出口量 6 507 t，同比增长 11.52%；出口额 5 607 万美元，同比减少 2.93%；出口均价 8.7 美元/kg，同比减少 12.59%。2022 年，中国茉莉花茶出口到 69 个国家和地区，有 45 个是“一带一路”共建国家或地区，占比 65.22%。

表 1－4　2019—2022 茉莉花茶外销情况

年份	出口量（t）	出口额（万美元）	出口均价（美元/kg）
2019	6 489	6 462	9.95
2020	6 130	6 074	9.91
2021	5 835	5 776	9.9
2022	6 507	5 607	8.7

资料来源：中国海关。

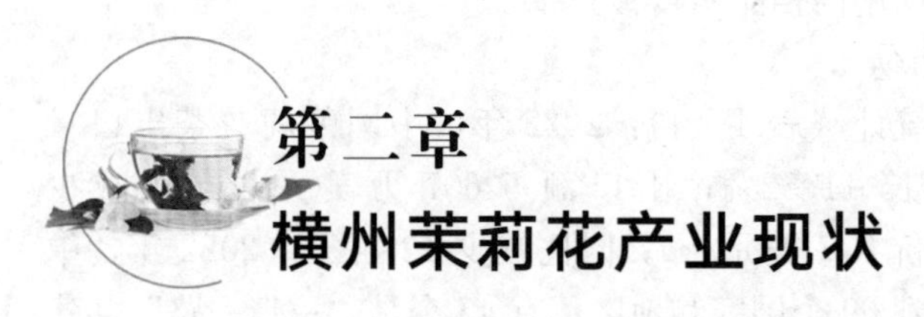

第二章 横州茉莉花产业现状

第一节 横州茉莉花历史渊源

茉莉花最早起源于古罗马帝国，东汉年间沿着丝绸之路传入中国，几经辗转，“情定”横州。

据文献记载，横州种植茉莉花有文字记载的历史已有 400 多年，明嘉靖四十五年（公元 1566 年），横州州判王济在《君子堂日询手镜》中记述，横州“茉莉甚广，有以之编篱者，四时常花”。明版《横州志·物产》也有类似记载，明代诗人陈奎咏花作诗云：“异域移来种可夸，爱馨何独鬓云斜，幽斋数朵香时泌，文思诗怀妙变花。”说的就是茉莉花。

20 世纪 60 年代，横县*茶厂（今广西金花茶业有限公司）开始窨制茉莉花茶，但因自身茉莉花田有限，无法形成显著的社会、经济效益。直至 20 世纪 80 年代改革开放后，茉莉花茶产业在浙江、福建、广东等地发展，茉莉花茶逐渐俏销国内外。当时陷于经济困境的横县茶厂从外地的生产经验中找到了希望，在横县县委、县政府支持下开始加大茉莉花茶生产，并派人到外地学习窨花技术。然而，“以花致富”并非易事，一是农民在思想上未能接受这一产业，二是各项技术不成熟。政府便无偿为花农提供花苗，并且每种植 1 亩茉莉花补助现金 200 元和化肥 100 kg，横县的茉莉花产业以此起步。自治区乃至横县（州）政府对茶叶发展实行的一系列推动政策，促进横县（州）茉莉花茶业在后期得到快速发展。

---

* 横县是横州市的前身，2021 年，撤销横县，设立县级横州市。——编者注

20世纪90年代中后期，横县茉莉花种植面积逐年增加，并且在经过长期向先进茶叶生产省份学习茶叶加工技术后，横县各加工企业已经基本掌握茉莉花茶加工技术。在政府的大力支持下，全县大力发展茉莉花茶产业，将茉莉花茶产业发展成横县的重要经济产业之一。

如今，横州茉莉花产量及花茶加工产量稳居全国第一，年产鲜花10万t，分别占全国总产量的80%、全世界总产量的60%，横州成为全国乃至世界最大的茉莉花生产和茉莉花茶加工基地及国家重点花文化基地。

第二节　横州茉莉花种植现状

横州，位于广西壮族自治区南部，南宁市东部，居郁江中游，地处北回归线以南，东连贵港市，南接灵山县、浦北县，西界邕宁区，北壤宾阳县，享有“中国茉莉之乡”的美誉，是广西北部湾经济区沿江近海靠城的重点县域。广西属南亚热带季风性气候区，阳光充足，雨量充沛，气候温和，非常适合茉莉花的自然生长。横州茉莉花主要种植品种为双瓣茉莉，具有开花早、花期长、花质好、产量高、香气浓郁持久等得天独厚的特点。横州最早在各乡镇都有种植茉莉花，为便于运输和统一加工，现在横州茉莉花产区主要集中在县城周围，有横州镇、云表镇、那阳镇、马岭镇、校椅镇、莲塘镇等，它们占全市茉莉花种植面积的92%。

近年来，横州茉莉花种植面积不断增长。2018年，横县茉莉花种植面积达0.72万hm^2，共有花农33万名，占全县人口的25.98%，年产茉莉花鲜花9万t，花茶企业130多家，加工生产茉莉花茶7万t。2021年，横州市茉莉花种植面积增长到0.83万hm^2，年产茉莉鲜花达10.2万t，全年全市茉莉花（茶）产业综合年产值达143.8亿元。

第三节　横州茉莉花加工现状

横州茉莉花茶的加工工艺由制坯工艺与窨制工艺两大部分组

成，制坯工艺又分为毛茶加工工艺与精茶加工工艺两部分。近年来，随着广西六堡茶产业的发展，横州的茶企也开始制作茉莉六堡茶，其工艺在传统的窨花技术上更为复杂和精细。

一、毛茶加工现状

（一）烘青毛茶加工

烘青绿茶品质特征：要求“三绿”，即干茶色泽翠绿、汤色碧绿或黄绿、叶底嫩绿。一般外形条索紧结、细嫩、白毫多、匀齐；内质香气清纯、汤色黄绿且清澈明亮、滋味醇和鲜爽、叶底嫩绿匀整的视为品质良好正常的茶叶。

烘青绿茶初制工序：鲜叶→杀青→揉捻→干燥→毛茶。烘青绿茶鲜叶原料采摘标准要求一芽二、三叶及幼嫩的对夹叶。对于一些梗粗壮、节间长的含水量高的品种鲜叶，如凌云白毫、南山白毛茶等，在制作前先摊晾散失部分水分，雨雾天气采摘的鲜叶也应当在萎凋槽上适当摊晾以散失水分。

1. 杀青　杀青是鲜叶接触高热的金属腔体以提高叶温的工艺过程。它是绿茶初制的第一道工序，也是决定绿茶品质的关键工序。

(1) 杀青目的及原理

① 杀青目的。一是高温破坏酶的活性，制止鲜叶内多酚类化合物发生酶促氧化变化，以形成绿茶“清汤绿叶”的品质特征。二是蒸发叶内部分水分，降低细胞膨压，以利于揉捻成形。三是挥发低沸点的青臭气成分，增进茶香。

② 杀青原理。绿茶品质特点是“清汤绿叶”，要求防止鲜叶内多酚类化合物发生酶促氧化作用。根据酶对环境温度的敏感性，即酶活性在一定温度范围内如45～55 ℃，随着环境温度的升高而增强，而温度上升至60 ℃以上时，酶活性明显下降，到80 ℃以上其活性被破坏。绿茶的高温杀青就是要求鲜叶在杀青过程中，叶温能在短时间内迅速升至80 ℃以上，以制止多酚类化合物发生酶促氧化反应，从而保证“清汤绿叶”特征的形成。并在杀青过程中散失

部分水分和低沸点的青臭气，并使内含物发生一系列热解转化，从而基本上形成绿茶的色、香、味品质特征。

(2) 杀青技术要求　杀青是由杀青温度、时间等各个因素组成的有机整体。杀青时不仅需要分别掌握各项因素，而且还要考虑各因素之间的影响和联系。

① 投叶量。杀青投叶量直接影响杀青叶温的提高和炒制的均匀度。投叶量多，叶温提高速度缓慢；投叶量少易炒焦。同时，投叶量太多，炒制、翻炒不均匀，可能出现夹生现象。因此，投叶量多少应根据杀青机械的投叶设计标准要求，结合锅温的高低及鲜叶含水量的高低灵活掌握。如锅温偏高，投叶量可适当多些，反之投叶可少些；鲜叶含水量高时少投些，反之可多投些。

② 温度。杀青时的锅温要求以掌握高温为原则，并注意控制温度“先高后低”。一般锅温要求达到200～280℃，适宜杀青。因为锅温直接影响叶温的提高。如果没有足够高的锅温，在杀青过程中叶温在短时间内很难达到80℃以上，这样，不仅不能迅速破坏酶的活性，相反会起到不适宜的作用，如因多酚类化合物的氧化而致红梗红叶，或因低温延长杀青时间而致香气不高。

③ 炒制方式。杀青的炒制方式主要指闷炒和扬炒。闷炒，如手工团炒、锅式杀青在炒锅上加盖闷炒，炒制过程中限制水蒸气向空间挥发扩散而呈“薄雾”状态。扬炒，如手工吊炒、锅上不加盖炒，炒制过程有利于水蒸气及青气向空间挥发扩散。绿茶杀青炒制时宜掌握“先闷后扬，扬闷结合，多扬少闷”的技术原则：先闷，即杀青的前期，郁积于锅内的热蒸气穿透性强，有利于迅速提高叶温；当温度提高以后则需采用扬炒，以利于叶内水分和低沸点青臭气的蒸发散失；同时还应注意扬闷结合，以形成一定的水热条件，有助于炒制阶段的内含物转化。

④ 杀青时间。杀青时间也是影响杀青效果的一个因素。时间太长，一定程度上反映出杀青叶温提高缓慢，这无疑会影响杀青效果；时间太短，杀青阶段的一系列转化不能充分进行，同样影响品质的发展。杀青时间要求杀青后叶色由鲜绿转为暗绿，叶质由硬脆

变为柔软，折梗不断，青草气消失，清香显露。

⑤ 杀青程度。杀青程度也是影响杀青效果的因素之一。杀青程度的掌握如果过头了，杀青叶含水量偏少，不利于下一道工序的揉捻成条；如果不足，熟化程度不够，则滋味会有青涩感，香气也差，同时，也会使杀青叶含水量高、细胞膨压大，不利于下一道工序的揉捻成条。因此，掌握杀青程度必须以“杀熟、杀透、杀匀”为原则。此外，掌握杀青程度时，还应兼顾原料叶的老嫩标准，一般要求“老叶嫩杀、嫩叶老杀”。即在破坏酶活性的前提下，根据老叶含水量较低、纤维素含量高的特点，杀青过程水分蒸发宜少些，炒制方式注意多闷少扬，杀青时间可以短一些；相反，对嫩叶而言，因嫩叶含水量较高、酶的活性相对较强、多酚类化合物含量相对较高，杀青时温度宜高，炒制方式宜多扬少闷，杀青程度掌握宜足些。

(3) 杀青方法 杀青方法因使用不同机具而异，常用的杀青机有锅式杀青机、滚筒杀青机、槽式杀青机等。一般生产规模较小、产量少的生产单位与个体户，多采用锅式杀青机；生产规模较大的企业等多使用滚筒杀青机。

(4) 杀青适度鉴定 杀青达适度时，手握杀青叶成团，不易弹散，略有黏手感，折梗不断，此时，杀青叶含水量约为60%。各级鲜叶杀青适度的具体掌握见表2-1。

表2-1 各级鲜叶达杀青适度水分变化动态

单位：%

项目	1～2级	3～4级	5级以下
鲜叶含水量	76～77	74～76	73～74
杀青叶减重率	40～45	30～40	25～30
杀青叶含水量	58～60	60～62	62～64

2. 揉捻 揉捻是绿茶初制的第二道工序，是形成绿茶外形形态的主要工序。

(1) 揉捻目的及原理

① 揉捻目的。一是杀青叶可通过揉捻搓揉成条形；二是适当破坏叶组织细胞，揉出茶汁使之凝于叶表面，有利于内含物的混合接触和一定程度的转化，便于冲泡饮用。

② 揉捻原理。揉捻成条是在揉捻机上完成的，揉捻机由揉盘、揉桶、揉桶盖及传动装置等组成。当杀青叶投入揉捻机后，随着揉桶相对于揉盘进行不断旋回运动，揉捻叶在揉桶中不断受到来自揉桶、揉盘、揉桶盖以及自身重力等各方面力的综合作用，使揉捻叶在揉桶内不断翻滚，摩擦挤压，揉捻叶顺着主脉被反复搓捻紧卷成条，同时达到适度破坏叶片细胞的目的。

(2) 揉捻技术要求 通过揉捻过程投叶量、压力、时间、原料状况等多项因素的调控来把握揉捻技术。

① 叶温。鲜叶完成杀青后，叶温较高，为防止杀青叶堆积揉桶内因叶温偏高红变而影响“清汤绿叶”品质特征，一般均要求迅速摊凉冷却后再进行揉捻。但是，生产上如遇到粗老叶，由于粗老叶纤维化程度高，可塑性差，更兼有不易红变的特点，揉捻时可以采取“热揉”的方式，因为叶温高，揉捻叶受到热软化后胶结性、可塑性均变大，揉捻容易成形。因此揉捻时温度的掌握应以“老叶热揉、嫩叶冷揉”为原则。

② 投叶量。投叶量应根据揉捻机的设计标准进行掌握。不宜太多，也不宜太少。投叶量多，揉捻过程过于拥挤，造成揉捻叶在揉桶中翻转困难，不能顺利地揉卷成条，揉捻成条效果不均匀；投叶量少，揉捻叶间相互带力减弱，不容易产生搓揉作用，难以形成紧结的条索。

③ 加压。施加压力的大小对揉捻成条起着决定性作用，也是影响揉捻成条效果好坏的主导因素之一。揉捻加压是通过控制揉桶盖的升降来实现的。桶盖上升，揉桶中装叶容量变大，便于揉捻叶的翻转运动；桶盖下降，揉桶中装叶容量变小，有利于揉捻叶间挤压、摩擦、搓揉成条。整个揉捻过程应根据揉捻的不同时段掌握“轻—重—轻”的加压原则。即揉捻开始的前期时段采用轻压揉捻，使揉捻

叶逐步搓揉成条；在此基础上，揉捻叶由于表面茶汁的外溢、膨压降低，其胶结性、可塑性均增大，此时处于揉捻中期时段，可通过重压措施使揉捻叶紧卷成条；而后再经轻压揉捻使揉捻叶处于较蓬松的状态以调理茶条并充分吸收被挤出的茶汁，使之凝于叶表，有利于后期茶叶冲泡。揉捻的轻重压力掌握要恰到好处，不宜太重或太轻，压力太重，容易出现扁条、断碎等现象；压力偏轻，又有条索松散之弊。

④ 时间。揉捻时间的掌握，要求成条效果与生产效率两者兼顾，即最好能够在最短的时间内圆满地完成揉捻的成条作用。绿茶揉捻时间 25～35 min。“轻—重—轻”加压时段的时间分配大致为 2∶3∶1。另外，在压力与时间的掌握方面，还应根据原料叶的老嫩状况掌握“嫩叶轻压短揉、老叶重压长揉”的原则，即嫩叶要求揉捻压力宜轻、揉捻历时宜短，老叶要求揉捻压力宜重、揉捻时间宜长。

⑤ 分次揉捻，解块筛分。生产上还会碰到老嫩叶混杂的情况，揉捻时可灵活采取分次揉捻的措施，即针对老嫩叶混杂不清的杀青叶，先按照嫩叶的揉捻要求进行揉捻，而后经解块筛分，将已经成条的嫩叶与未成条的老叶分开，对未成条的老叶再次进行复揉成条。

（3）揉捻方法 首先根据“老叶热揉、嫩叶冷揉”的原则，针对原料性状有所区别地进行处理，然后放入揉桶，根据机型设计的容量标准装叶，而后即根据“嫩叶轻压短揉、老叶重压长揉”的原则及老嫩混杂原料“分次揉捻，解块筛分”的方法，掌握揉捻技术，具体见表 2-2 和表 2-3。

表 2-2 不同级别烘青绿茶揉捻时间

单位：min

茶季	烘青绿茶级别		
	1～2 级	3～4 级	5 级以下
春茶	25	30	35
夏秋茶	30	35	40

表 2-3　烘青绿茶不同揉捻压力下的揉捻时间

单位：min

茶季	揉捻压力							全程
	不压	轻压	中压	松	轻压	中压	松	
春茶	3	5	3	3	3	5	3	25
夏秋茶	3	5	8	3	5	8	3	35

(4) 揉捻适度的鉴定　揉捻适度的鉴定，可通过感官视觉认为已基本成条即可，也可以通过成条率的测定以及细胞破碎率的测定来鉴定。绿茶揉捻适度：1～2 级鲜叶成条率应达 90%以上；3～5 级鲜叶成条率应达 80%以上；细胞破碎率达 45%～55%。

3. 干燥　干燥是绿茶初制的最后一道工序，是紧结茶条、发展茶香、增进品质不可缺少的一道工序。

(1) 干燥目的　一是继续破坏叶内残余酶的活性，进一步散发青臭气，发展茶香；二是紧结茶条；三是蒸发叶内多余水分，使毛茶含水量控制在 6%以下。

(2) 技术要求　烘青绿茶干燥采用烘干干燥。即揉捻叶通过接触热空气提高叶温，达到蒸发水分、紧结茶条、发展茶香的烘干目的。影响烘干的技术因素有烘焙温度、摊叶量、风量、时间等。

① 分次烘干。根据茶条水分分布状况，即有茶条外部表面水和茶条内部核心水的区别，茶条水分存在形态有容易挥发的自由水和不容易挥发的结合水的区别，烘干干燥亦分次进行。分为：毛火→摊凉→足干。第一次的毛火烘干，使叶表水分、容易挥发的自由水等首先蒸发；通过摊凉，使茶条核心水逐渐向茶条表面扩散分布，以利于足火干燥中叶水分的蒸发；最后的足干，使叶水分的蒸发能够表里干度一致。鉴于上述原因，生产上烘青绿茶的烘干都分为毛火与足火两次进行。

② 烘焙温度。烘焙温度宜掌握“毛火高温、足火低温”的技术原则。“毛火高温”是因为毛火阶段是第一次烘干，叶含水量高，高温烘焙能够保证迅速提高叶温，蒸发叶水分。此时，如果温度偏

低，叶温不高，容易发生多酚类化合物在残余酶的酶促氧化下致使揉捻叶红变的现象，也不利于低沸点青臭气的挥发和茶香的提高。“足火低温”是因为足火阶段的叶含水量少，且多处于茶条的核心内部，还有部分为不易挥发的结合水，只能通过不太高的烘干温度缓慢等待并促使部分水分持续挥发。此时，如果温度偏高，可能造成叶表面水分蒸发后，叶核心内部水分接济不上而干结，产生外干内湿现象，甚至烘焦。因此，足火阶段必须根据叶水分的特点，掌握低温焙茶的技术以利叶水分持续通透扩散至叶表面，蒸发干燥。此外，足火低温焙茶有利于茶叶香味的发展，提高品质。

③ 摊叶量。摊叶量的掌握以“毛火薄摊、足火厚摊”为原则。“毛火薄摊”是与毛火高温相适应的技术要求，薄摊叶量少，有利于迅速提高叶温，蒸发水分。“足火厚摊”也是与足火低温焙茶相适应的技术要求，厚摊叶量多，叶温上升速度慢，有利于足干叶水分的持续蒸发与香气的发展。

④ 风量。风量即空气的流通量，毛火风量可大些，以利于叶水分的排散，避免产生蒸闷，足火风量可小些。

⑤ 时间。烘干时间毛火要求较短些，足火时间要求较长些。

(3) 烘干方法 依使用的机具不同，烘干方法可分为烘干机干燥法和手工焙笼干燥法两种。

① 烘干机干燥法。烘干机一般由热风发生炉、风机、摊叶的百叶板等几个部分构成。通过热风发生炉产生热空气，风机将热空气向摊叶的机体部分吹送，提高叶温，蒸发叶水分。在生产上使用的烘干机有自动链板式烘干机和手拉百叶式烘干机两种。自动链板式烘干机操作过程：烘叶通过输送装置自动摊放在链板上，经链板自上而下的自动运行过程，不断接触热空气而干燥；毛火要求进风口温度达 120～130 ℃时，开始进叶，摊叶厚 1～2 cm，历时 8～12 min；下叶摊凉 1～2 h，进行足干；足干温度 95～105 ℃，摊叶厚 2～3 cm，历时 15～20 min。

② 手工焙笼干燥法。手工焙笼烘焙是传统的一种烘焙方式。焙笼干燥是将待烘叶铺放于焙笼上，置焙窟上进行烘焙。一般要求

毛火的焙温为100℃左右，摊叶量每笼约0.5 kg，均匀薄摊，历时10～15 min，其间结合3～4次翻拌处理；足火焙温为80～90℃，摊叶量1.5～2 kg，时间20 min左右，烘至足干。

(4) 烘干适度鉴定　烘干适度的毛茶，条索紧结，色泽翠绿，细嫩的茶叶，白毫显现，香气清鲜，手握干茶有刺手感，折梗易断，茶条手碾成粉末，此时含水量为6%左右。

二、烘青毛茶精制

鲜叶经初制加工后的产品称为毛茶。毛茶，顾名思义，其产品组成相对而言是较粗糙的。毛茶产品，即便是同一类、同一等级，由于受到产地、品种、栽培技术、季节气候、初制条件、初制技术等因素的制约，不论外部形态，还是内质风格，均较复杂，不尽一致。而作为市场商品的成品茶叶，则需要有一定的商品规范要求。精制的目的就在于对毛茶进行一定的加工技术处理后，使其产品符合成品茶（也叫商品茶）的规格要求。

毛茶加工的目的与作用有以下4个方面。

1. 分清外形规格与品级　毛茶通过精制的筛分、风选等处理，按照一定的性状形态分为不同的规格等级。

2. 整饰外形，剔除劣异　毛茶形态很复杂，如条索紧与松、重与轻、长与短、嫩与粗、直与弯曲、圆与扁等等。通过各种精制技术处理后，不同的物理形态可达到匀整美观。并经拣剔等处理，除去不符合等级规格要求的茶类与非茶类夹杂物。

3. 合理拼配，调剂品质　由于多种原因，毛茶在风格上有一定的差异。诸如：季节差异，春、夏、暑、秋茶风格各异；地域不同，高山、平原、沿海茶风格均有区别。通过合理的拼配，可以取长补短，达到调和品质、统一规格标准的目的。保证同一品类、同一档次产品水平的一致性。

4. 适度干燥，增进品质　通过适度干燥，产品达到干度要求，方便运输储藏；同时，干燥在一定程度上也具有改善和增进品质的作用。精制加工处理的难易，很大程度取决于毛茶组成状况的优劣。毛茶组成净度好、不混杂，精制加工技术也相应简单；否则，精制加工技术就复杂。因此，随着初制技术水平的提高，精制加工技术可以得到相应的简化。

三、茉莉花的窨制工艺现状

（一）茉莉花茶加工技术

1. 茉莉花茶基本加工工艺　茉莉花茶的基本加工工艺流程包括茶坯加工—茶坯处理—鲜花养护—窨花—通花—收堆续窨—起花—烘焙—冷却—提花—匀堆装箱等多个步骤。

2. 茶坯选择和处理　茉莉花茶通常选用口感好的绿茶作为茶坯，红茶和其他茶也可以作为茶坯，此外还可以对茶坯进行拼配。曾文治等以α—淀粉酶活性抑制率为指标，优化了茉莉花茶的拼配工艺，得到了一款感官品质更优且具有降糖功效的茉莉花茶。窨花前的茶坯需在温度100～110℃、水分含量4%～5%的条件下烘焙干燥。烘焙后的茶坯需及时摊凉冷却，待茶叶堆温不高于室温3℃时，可进行付窨处理。

3. 鲜花处理　晴天下午2时采摘花蕾大的茉莉鲜花，制茶品质更好。将采摘后的茉莉鲜花用通气的箩筐或网状袋装运进厂，运输过程尽量保持花蕾的完整。进厂后，在阴凉通风处对茉莉鲜花进行摊凉散热。茉莉花最适的开放温度为38～40℃，释香温度为30～36℃，采摘的茉莉花在离体后，仍能继续进行呼吸作用产生热量，为促进鲜花的开放，待花温降至室温后，需要收堆进行升温；为防止鲜花因呼吸作用受阻而腐烂，待升温至40℃以上时，又需及时摊凉散热。经过反复摊、堆后，在茉莉花开放度达60°时，用3目筛筛去青蕾、花蒂等；当80%的茉莉花开放呈虎爪状时，即可用于窨制。部分茉莉花茶的制作过程会用到玉兰花与茶进行打底调香，以提高成品茶的香气，衬托鲜灵度，但玉兰用量过多容易“透兰”，影响茉莉花茶的质量。

4. 配花量　配花量与茶坯的吸香效率、吸香效果及用花成本有关。配花量太小，会使成品茶的香气不足；配花量太大，则会使窨堆温度上升过快、过高，导致烧花，产生水闷气等，所制成品茶香味不正。配花量应随着茉莉花茶各等级窨次的不同而改变，高端茉莉花茶配花量多，所用鲜花品质高，四窨一提或更多窨；中高端茉莉花茶配花量少，采用三窨一提或连窨法。此外，配花量逐窨递减，头窨配花最多。

（二）茉莉花茶窨制技术

窨制工艺是茶味、花香融合的决定性因素，提供了保持鲜花生机的生态条件，使鲜花释放香气，有利于茶坯吸香。而在窨制过程中，除芳香物质增加外，茶坯中还发生了蛋白质、淀粉、果胶质等水解，酯型儿茶素转化为游离态等一系列反应，使茉莉花茶较绿茶更为浓醇。

茉莉花茶的窨制工艺有传统窨制、增湿连窨、隔离窨制等，除堆窨外，在茶坯量少时也可以采用箱窨、囤窨等方式。高档茉莉花茶窨制次数多，在多次的窨制过程中，对茉莉花精油的利用率不高，以“熏香法＋吸入法”的复合气化法给茶坯赋香，筛选出茉莉花精油-茶赋香的新工艺。

1. 传统窨制工艺　传统窨制工艺有四窨一提、三窨一提、半压半窨全提、全压全提等，茉莉花茶的香气水平随着窨制次数的增加而提高，但提高程度在降低，五窨为茉莉花茶的最佳窨制次数。以传统窨制工艺中的四窨一提为例，将处理过的茶坯和鲜花按适当的配花量进行拌和。一般来说，窨堆高 30～35 cm，每个窨堆茶坯量在 50 kg 左右，窨制时间以 10～12 h 为宜。窨堆太小，窨制时温度不易升高，窨堆太大，则会导致香气低闷；窨制时间太短，无法充分利用花香，窨制时间太长，则成品茶鲜灵度下降，香气浑浊。窨制 4 h 左右，窨堆中部温度达 40～45 ℃时，应及时进行通花散热。窨堆温度降至 35 ℃左右时，收堆续窨。窨制 10～12 h 后，及时起筛过花。茶坯的吸香能力与茶坯本身的干燥程度有关，传统窨制认为，在一定水分范围内，越干燥的茶坯吸香能力越强，反之则越弱；而一定的茶坯含水量，则有利于维持鲜花生机，使其正常吐香。故湿坯需再次进行茶坯处理，将含水量控制在 4.5%～4.8%。

按各窨次的配花比反复窨制，选用晴天午后采收的优质茉莉鲜花，按配花量提花，增加成品茶的鲜灵度。提花堆的高度不超过 10 cm，堆温在 35～37 ℃，提花时长为 6 h。提花后的茶坯无须复火，抽样质检后按比例堆装箱。传统窨制工艺有着工艺烦琐、耗时长、成本高等问题，湖南农业大学的茶叶研究团队基于物联网、云计算对茉莉花茶传统窨制工艺进行创新，减少了用花量和窨制次数，无须复火干燥。

2. 增湿连窨工艺 茶叶在吸香的同时，也会吸收水分，窨后烘坯水分随窨次每次增加 0.5%左右，茶叶水分含量过高，会影响茶叶的品质，使茶叶松软、颜色变黄，而茶叶的香气又会在之后的复火工艺中大量散失，多次窨制、复火等工艺耗时耗力，影响效益。不同于传统窨制工艺所认为的茶坯含水量与吸香能力呈负相关的观点，增湿连窨工艺认为含水量为 10%～30%的茶叶吸香效果最佳。连窨工艺茶坯的含水量一般为 10%～15%，与传统窨制的区别在于连窨工艺中一窨后的茶坯无须复火，减少了一次烘干的步骤，有利于缩短生产周期，降低香气的损失和用花成本。传统窨制和连窨工艺所得的成品茶除后者干茶颜色偏黄外，其他外形方面差距不大。其中，连窨所得的成品茶香气更为浓郁、鲜灵度高，多酚类物质含量更少，故而滋味也更加醇厚，但由于叶绿素被破坏，其汤色颜色偏黄。

3. 隔离窨制工艺 隔离窨制则增加了塑料纱网隔开茶坯和鲜花，减少了起花、通花的工序。

四、茉莉六堡茶加工技术现状

茉莉鲜花蕾经收堆—翻堆—摊晾工序，呈虎爪状开放的茉莉鲜花蕾占 85%以上时，迅速平铺于事先拼好的六堡茶堆上，并及时将茶和花充分拌匀后堆成条或圆形堆，静置，当堆温上升至 42～47 ℃时，迅速将茶堆耙开，待堆温下降至室温后再收堆续窨；当茶叶含水量达到 15%～17%时，将茶和花分离，再对茶烘干，使茶叶含水量降到 8%以下，即完成一窨的操作。以上操作重复 3 次。

每 100 kg 六堡茶原料配用的茉莉鲜花蕾用量：第一次用 50 kg；第二次用 40 kg；第三次用 30 kg。茉莉六堡茶外形黑褐光润，耐冲泡，叶底红褐色，汤色红浓似琥珀，醇和甘爽，滑润可口，又具有茉莉花馥郁芬芳的特征，长期饮用还可健胃养神。

第四节　横州茉莉花产销现状

一、横县茉莉花的产销历史

横州种植茶叶历史悠久，20 世纪 60—70 年代是横县茶产业比较繁荣的时期，种植面积达 5 万多亩，成为当时广西产茶大县之一。从 20 世纪 80 年代开始，广西横县等地由于气候条件适合茉莉花生产，茉莉花种植基地发展迅速，全国茉莉花茶加工业也逐步向广西转移。我国年加工茉莉花茶约 10 万 t，广西横县已成为最大的茉莉花茶生产基地，年加工茉莉花茶约 5.5 万 t，占全国茉莉花茶产量的 60%。1987 年，横县从广东引进双瓣茉莉开启了规模化栽培，种植面积和年产量逐渐增加，双瓣茉莉逐渐成为横县茉莉花种植的主要品种，在横州镇、云表镇、校椅镇、莲塘镇、百合镇、那阳镇、马岭镇等地都有种植。原料茶交易市场建成于 1997 年 5 月，占地面积 1.3 万 m^2，共有 118 间店铺和 300 多个经营户，市场主要用于花茶茶坯交易，有来自福建、云南、贵州、湖北、浙江等全国各地的茶商，茶叶品种繁多，交易活跃。茉莉花交易市场建成于 1993 年 6 月，占地面积 1.2 万 m^2，共有 120 个摊铺、200 多个经营户，市场主要用于交易新鲜茉莉花、玉兰花。产花旺季，平均每天有 2 万左右花农在市场内交易。2003 年度，市场内茶叶成交量 3.8 万 t，交易额为 7.2 亿元。在原料茶交易市场建立之前，茶商要到茶区收购原料，运到横县加工茉莉花茶。原料茶交易市场建成后，他们直接从市场采购原料茶，不仅价格合理，而且种类齐全，减少经营风险，受到茶商欢迎。茉莉花交易方式十分科学，有专门的交易商充当花农和加工商的“经纪人”，负责为茶商收购鲜花。茉莉鲜花的价格完全取决于当天气候条件和供求关系。如果是晴天，鲜花质量好，价格就高；如果是雨天，鲜花质量不好，价格就低。在茉莉花上市旺季，如果加工茉莉花茶数量少，鲜花出现过剩，鲜花的价格就低，反之价格就高。成品茶市场于 2004 年 8 月 18 日成立，是顺应广西乌龙茶、红茶、绿茶消费发展的需要，依托全国最大花茶加工市场和现有的茶坯交易市场，发展成为广西最大的成品茶销售中心，并通过南宁每年举办的中国-东盟博览会辐射全国及东南亚。

二、2021 年、2022 年横州茉莉花的产销情况

2021 年横州茉莉花（茶）综合品牌价值达 215.3 亿元，在广西最具价值农产品品牌中名列前茅，还开发了有机绿茶、红茶、岩茶（乌龙茶）、“圣种”六堡茶等一系列南山白毛茶。近年来，横州各级机构不断提升品牌影响力，打造了茉莉花现代农业产业园，作为全国特色小镇的茉莉小镇也在打造中。扩大花茶企业“横县茉莉花茶”地理标志证明商标影响力，坚持每年举办世界茉莉花大会、国际茉莉花文化节。据统计，截至 2022 年，横州拥有花茶企业 130 多家，其中规模以上企业 29 家，产值亿元以上企业 18 家，茉莉花种植面积达 10 万亩，总产量超 8 万 t，年总产值约 97 亿元，位列全区区域品牌（地理标志）价值评价第一。2022 年，“横县茉莉花”“横县茉莉花茶”分别位列“2022 中国品牌价值评价信息”区域品牌（地理标志）百强榜单第六十二和第十九。研究横州茉莉花区域公用品牌传播策略能够促进横州茉莉花“1＋9”产业提质增效，为其他农产品区域公用品牌发展提供思路，在乡村振兴战略中具有举足轻重的意义。

三、2022 年横州茉莉花在全国产销中的地位

2022 年，全国茉莉花茶总产量约 11.41 万 t，同比增长 0.88％。如图 2－1 所示，四大产区中，横州产量 8 万 t，与 2021 年持平；福州产量 1.79 万 t，增幅较为明显，达 6.55％；犍为产量 1.22 万 t，增幅 3.39％；元江产量 0.4 万 t，降幅 11.11％。

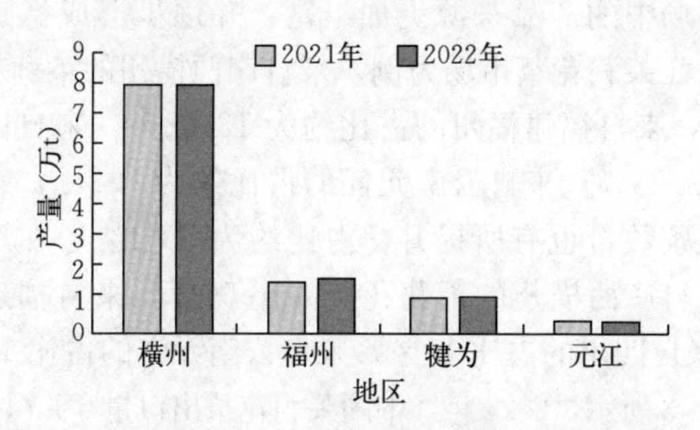

图 2-1　2021—2022 年四大产区茉莉花茶加工情况

资料来源：中国茶叶流通协会、共研产业咨询（共研网）。

2022 年，全国茉莉花茶总体成交均价为 168.33 元/kg，增幅 5.59%。如图 2-2 所示，四大产区中，福州茉莉花茶成交平均价格 444.52 元/kg，增幅 0.97%；横州均价 121.25 元/kg，增幅达 6.59%；犍为均价 103.28 元/kg，增幅 1.56%；元江均价 72.5 元/kg，略微减少 2.32%。

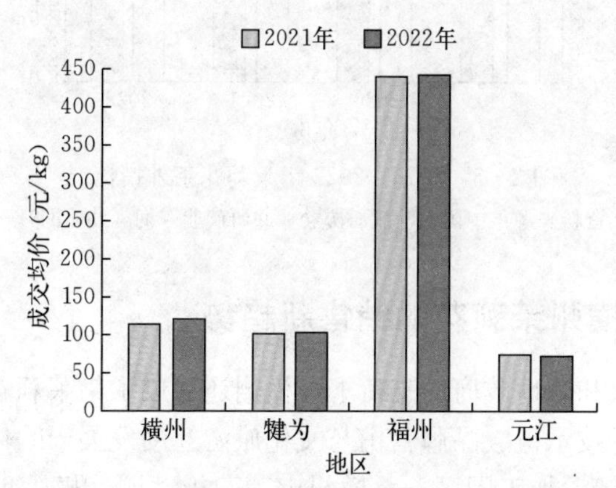

图 2-2　2021—2022 年四大产区茉莉花茶成交均价

资料来源：中国茶叶流通协会、共研产业咨询（共研网）。

在内销市场，广西横州茉莉花茶长期处于市场主要位置，占市场销量的 70%左右。近年来，随着各地区对茉莉花茶产业的重视与发展，市场中的产品来源更加丰富，并逐步形成稳定的品质特征。以黑龙江茉莉花茶市场为例，来自广西横州的茉莉花茶占比约为61.28%，来自福建福州的占比约为13.68%，来自四川犍为的占比约为12.33%，来自云南元江的占比约为7.2%，来自其他地区的茉莉花茶数量也有所提升，占比约为5.51%。在辽宁茉莉花茶市场，来自广西横州的茉莉花茶占比50%，来自福建福州的占比25%，来自四川的占比15%，来自云南元江的占比10%左右。

如图2-3所示，2022年，中国茉莉花茶出口量6 507 t，同比增长11.52%；茉莉花茶出口额5 607万美元，同比减少2.92%；茉莉花茶出口均价8.7美元/kg，同比减少12.59%。

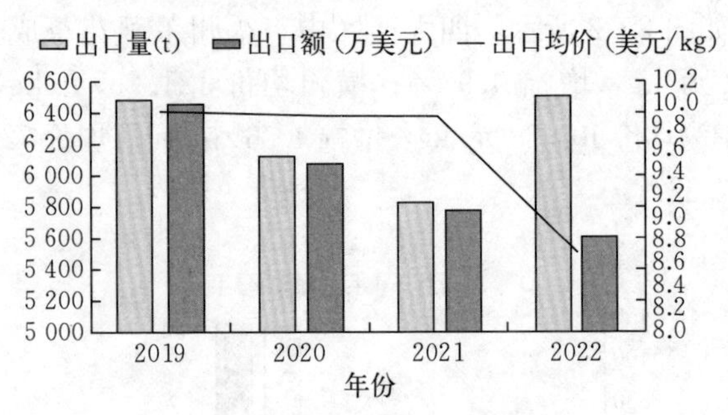

图2-3　2019—2022年茉莉花茶外销情况

资料来源：中国茶叶流通协会、共研产业咨询（共研网）。

四、横州茉莉花的销售新趋势

在国家和当地政府的支持下，横州还建成了集茉莉花（茶）规模生产、科技示范、品牌营销与文化旅游互动发展于一体的茉莉花（茶）产业精深加工园区——横州市茉莉极萃园，极大地推动了横州茉莉花茶产业的转型与升级。同时，横州还建成了国家茉莉花及制品重点实验室，这也是全国首个落户县级行政区的国家级实验室。在先进实验条件的支撑下，横州建立了特有的农产品质量溯源系统，为茉莉花（茶）产品的高品质提供了极大保障。此外，依托于乡村振兴相关政策，通过搭建农村电子商务产业园、双创孵化中心等创新创业平台，横州建成了 700 多个农村电商服务网点，覆盖了全市 80%的行政村，构建了市乡村三级快递物流体系。在高速物流体系支持下，仅需 48 h，就可以将以茉莉花茶为代表的横州农特产品送达全国大部分省市。不仅如此，直播带货的营销方式进一步打开了茉莉花盆景的市场，横州茉莉花产业扩大经营规模势在必行。

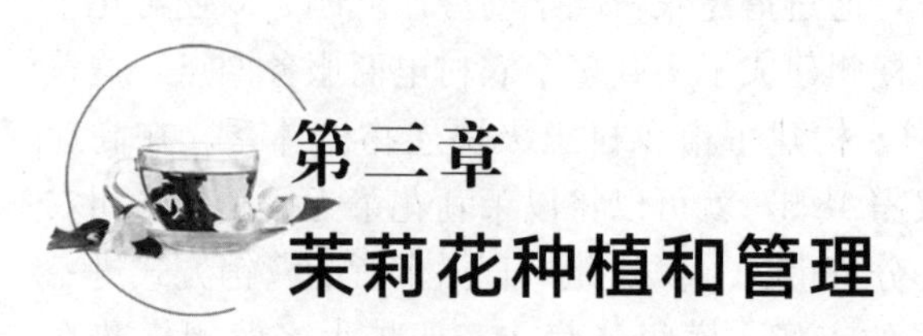

第三章 茉莉花种植和管理

第一节 茉莉花的苗木繁殖

植物繁殖的方法，通常分有性繁殖和无性繁殖两种。有性繁殖是用种子播种获得实生苗的方法，又称种子繁殖；无性繁殖是利用植物的营养器官如根、茎、叶培育成苗木的方法，又称营养繁殖。茉莉花一般不结实（罕见结实），因此它的繁殖主要采用无性繁殖的方法。由于茉莉枝条细小，不便于进行嫁接，因此生产上茉莉花主要采用扦插、分株、压条 3 种繁殖法。

一、扦插繁殖

扦插繁殖占地少，土地利用率高，一般繁殖 667 m^2 的苗木可供 6.67 hm^2 的园地种植。枝条集中扦插在苗圃里，便于管理，可充分选择苗木，剔除劣株，因而所得苗木的质量较高，定植后容易成活，生长整齐、健壮，同时又符合大规模生产用苗的要求，所以扦插育苗在生产上被广泛应用。茉莉花的扦插繁殖可分盆插育苗、地插育苗、沙插育苗和水插育苗 4 种。

（一）盆插育苗

1. 盆插育苗方法 从 4 月下旬至 8 月下旬都可进行盆插育苗，但以 5 月上旬至下旬进行为好，此时恰逢梅雨季节，气候温暖，湿度较大，有利于插条发根成活。采枝时，要选强健的枝条，采下后将枝条剪成长约 10 cm 的插条，剪口要平滑。每一插条须有 3～4 个节间和腋芽，插条顶部留 1 对叶片，其余叶片均须剪去；并严格做到插条随剪随插。扦插时，使用口径 25 cm 的素烧盆，用小瓦片盖住盆的底孔，并垫一层碎瓦片或豆粒大的小石子，使洞孔不漏土但能渗水；装入培养土至离盆口 1～2 cm 处。扦插的操作要领与地插育苗相同［详见后文“（二）地插育苗”］。每盆插 20～30 条，插条在盆内分布均匀，随时浇水。

2. 盆插后的管理 插条扦插完毕，宜将插盆放在背风的地方，以免水分蒸发太剧烈和被风吹动，而妨碍插条生根；同时要搭棚遮盖，以防烈日暴晒和雨水冲击，晴天晚上可揭去遮盖物，次日白天再盖上。盆插育苗的关键在于浇水和施肥，每天除定时浇水外，还要看盆土干湿情况，加以适当调节。浇水时宜用洒水壶洒水，忌用粪勺泼浇，以防倒苗，影响成活。插后 15～20 d 即能生根，可逐渐揭开覆盖物，让插条适当接收光照，并浇施 1∶10 的稀薄腐熟人粪尿，促进花苗快速生长。通常在插后两个月左右，即可离盆栽植。

（二）地插育苗

地插育苗就是将茉莉花的插穗插入圃地中，使之生根、发芽，形成新的植株。土壤对扦插成活影响很大，因此需先选好圃地。

1. 圃地选择 圃地土壤是茉莉花根系生长和为植株提供水、肥的主要环境，用来扦插繁殖苗木的圃地称为苗圃，苗圃可分为永久性苗圃和临时性苗圃两种。永久性苗圃又叫固定苗圃，是长期用来育苗的地方，在面积上需要大一些，设备方面也应齐备一些；临时性苗圃又称移动苗圃，属于短期、临时用来培育苗木的地方，多设在距离栽培地较近的地段上，可因陋就简地培育一定数量的苗木，够就地栽植之用即可，然后即改作别用。如果苗木培育量大又长期需要培育，或者要长期供应外地用苗，则可设固定苗圃；反之，只建临时性苗圃即可。无论何种苗圃，都要选好圃地。选择圃地有以下要求：

第一，土质疏松、肥沃，最好是通气良好、微酸性的壤土或沙质壤土。

第二，不生或少生杂草，没有或很少有病虫害发生的土壤。

第三，水利条件良好，排水灌溉方便，不发生干旱、不积水和不易被雨水冲刷。

第四，通风向阳，地势平坦，交通比较方便。一般水田土用作扦插育苗都较为理想。

2. 圃地准备 在扦插前的上一年冬季，要深耕圃地，翻耕深度要求达到25～30 cm。翻耕时将土块打碎，使之经过日晒和冬季雨雪、霜冻作用，减少后期病虫危害。

3. 整地和土壤消毒 春季扦插前要细致整地，将冬季翻耕过的圃地再翻耕一次，同时进行土壤消毒，以预防病虫害的发生。常用的消毒药剂及其施用方法为每亩撒施矾粉10 kg，或5%的敌百虫粉剂1～1.5 kg；近几年土壤消毒效果较好的化学药剂有五氯硝基苯、敌克松等。如果土壤不消毒，则病菌容易从插条伤口侵入插条体内，造成腐烂，影响成活。春季整地，必须把土块打碎、整细，把草根和石砾拣尽。如果是水稻田土，无草、无石砾，则只要将土整细整平即可。

4. 开沟做床 土地平整完毕，经过土壤消毒，即可做床。苗床的方向以面向东南或正南较好。育苗床可分高床、平床和低床3种。在我国南方各省，因降水量较大，宜做高床进行育苗。高床的高度以高出步行道15～20 cm为宜，宽度为1.2～1.5 m，长度可视地形而定，两床之间应留出宽50 cm的步行道。在干旱少雨地区，宜将苗床做成平床，即苗床高度与步行道齐平；在缺水地区，以做成低床为好，即苗床的床面低于步行道15～20 cm；以上做法均有利于苗床的保湿。

苗床做好后，将土整细、耙平，再根据育苗的株行距划好行，行的方向一般与苗床的长边垂直，行距为6～8 cm。

5. 扦插

（1）剪取插条 通常可利用茉莉花修剪下来的枝条或对老化的植株进行台刈更新时剪下的枝条作插穗。台刈一般在2月初至3月初进行，剪下的枝条正好用于扦插。插条应选择无病虫害的壮年枝条，以中下部的一段较好。其特征是枝条表皮呈灰白色，略带鸡皮皱纹，这样的枝条容易成活。插条长15 cm左右，具有3～5个节间及腋芽，顶端留1对叶，再剪去其余叶片；插条两端剪口须离腋芽1厘米左右，并剪成光滑的斜面，以防积水腐烂，也便于扦插时识别顶端和基部，不至于倒插。插条应随采随插。如果由于气候或其他原因不能及时扦插，则必须把插条贮藏在水分含量为20%～30%的细沙中（用手捏沙能成团，松手即散开）。细沙太干，插条易枯干；太湿，插条易发霉劣变。插条的贮藏时间最长为1周，否则会影响扦插成活。

根据剪取插条方式的不同，扦插可分普通插、踵状插和割裂插3种。

① 普通插。按上述方法，把枝条剪为长度15 cm左右作插穗。剪插穗用的枝条，可用一二年生的健壮枝条，也可用当年生的嫩枝。

② 踵状插。常用当年生嫩枝。扦插时，选取生长充实、枝叶浓绿的枝条作插穗，剪下呈Y形的分杈（茉莉叶为对生，故叶腋抽生小枝呈Y形），下部老枝留取距分杈处1 cm长的一段。然后，用两手分执左右两小枝基部，将其仔细掰劈成两枝插穗，使每一枝插穗基部各附有老枝半片。掰离部分要连带节头，也叫脚踵；不带节头或节头被掰碎的插条成活率低，不要选用。再将枝条从底部开始留3～4个节，剪去顶梢，在上部留1～2对叶后摘除其余叶片，以减少水分蒸发。

③ 割裂插。这是历史上劳动人民所积累的经验。《广群芳谱》一书中记载茉莉扦插方法“梅雨时取新发嫩枝，从节折断，将折断处劈开，入大麦1粒，乱发缠之，插肥土阴湿即活”，意思是：在梅雨时节，选取新发的嫩枝，从节处折断，并从折断处劈开，放入一粒大麦，然后缠绕固定，插入肥沃湿润的土壤中，放置阴凉处，即可生根成活。

(2) 扦插方法 扦插时按行距6～8 cm、株距4～6 cm，先用竹筷插好孔洞，深度约为插条长度的2/3；然后塞入插条，深度以插条露出土面一节为宜；再用手压实周围土壤，使插条与土密合。也可先在苗床上按照扦插的行距划行开沟，沟深为插条长度的2/3；

再按照一定的株距安放插穗，然后覆土压实。插后应随即浇水，在日照强烈时，苗床上要加设遮阳棚，以防暴晒。

生长素能促进细胞分裂和生长，有助于植株发根。茉莉花扦插也可以使用生长素，但一般不使用。这主要是因为茉莉花的再生能力很强，扦插容易成活，使用与不使用生长素没有明显的差异，不使用生长素成活率亦可达 90%以上。如使用生长素，可选用萘乙酸，使用方法是：采用浸渍法，将剪好的插穗基部放入萘乙酸溶液进行浸渍处理，这样，药液作用集中，可节省药剂；但浓度不要太高，常用的浓度为 20 mg/L；浸渍 6 h。

(3) 扦插时间 扦插育苗在春、夏、秋三季均可进行。但茉莉的扦插通常是在它的生长期进行，适宜时期为 6—10 月，尤其是梅雨季节，空气湿度较大，插穗生长成活容易。如果在温室、温床条件下，因为有适当的调节设备，温度能维持 18～22 ℃，则可以随时扦插，不受季节的限制。一般有经验的花农，在确定茉莉花扦插时间时，要极力避免因剪取插穗而直接影响母株当年的收花量。在第一期春花（梅花）采收后（约 7 月上中旬）进行扦插，叫做“头插”，会损失第二、第三期伏花、秋花的采收量。在第二期伏花采收后（约 8 月中旬）扦插，叫做“二插”，会影响末期秋花的产量。“三插”是在末期秋花采收后（约在 10 月）进行的扦插。这时气温已经下降，插条不健壮，插后发根多不良，成活率较低。但对母树影响不大，对当年收花的损失最小，而且可培育苗木供翌年春植，只要做好苗圃的肥水管理和冬季防寒工作，在生产上是有利的。

(4) 插后管理 一般在插后 1 周内，于晴天清晨和傍晚各浇水 1 次。以后视天气和土壤情况，酌情浇水或沟灌，以保持苗床土壤湿润为度。在雨天，则应注意清沟排水。此外，要及时拔除杂草。经 20 d 左右，插条基部和入土的节部便开始长出新根，顶端的腋芽长出芽叶，50 d 后长出枝叶，60 d 后可酌情出圃定植。定植时，要注意随取苗随栽植。

(三) 沙插育苗

沙插所用基质为持水量适中、透气性能好的栽培用基质，包括蛭石、珍珠岩、泥炭、素沙和炉渣等。这些基质，能起到催根作用，但这些基质养分有限，待插穗生根后须及时起苗，移植至土壤里。

茉莉花沙插，就是采用干净的沙子作扦插基质来培育苗木的方法。这种方法适用于需苗量少的情况，且随时都可采用，只要用一个底部带孔的容器装入沙子即可进行。容器大小随需苗量多少而定，深度一般为 15～20 cm，中等大小的花盆也可作沙插容器；规模稍大些的苗圃，可建简易插床。扦插最好在高温高湿季节进行，如在南方一些地区，于 6—7 月的梅雨季节，剪取带两片叶、半木质化的嫩枝插入沙中。沙厚 10～12 cm，枝长 10 cm，插入 3～4 cm。插后浇透水。有条件的，可接自来水和喷头，置于阳光下喷雾（也称全光照喷雾法）；条件有限的，用小喷壶向叶面喷水即可。约 20 d 后，插条就可生根成活。沙插成功的关键：一是在无雨干燥天气多喷雾，第一天每小时喷 2～3 次；而在多雨天，又不可让沙中积水；二是插后放在阴暗处 3～5 d，以后再逐渐多见一些阳光，阳光能促进其生根成活，但起初阳光太强又容易灼伤插条；三是起苗时要小心，不要把根弄坏。

沙插成活后不能留盆太久，需及时移植，但这时根系又很幼嫩，起苗时容易折断。故插时宜浅，取苗时宜轻宜缓。

（四）水插育苗

茉莉花水插育苗，操作容易，特别适合家庭少量种植，而且水插发根比土插发根快，土插一般 4 周左右生根，水插则只需 10～15 d。

1. 用具　一般的玻璃瓶都可作水插育苗容器，但最好是棕色瓶或用黑纸包裹的瓶子，以使插条发根部位处于黑暗环境，有利于发根。容器使用前要洗干净，最好还要用稀释 1 000 倍的高锰酸钾溶液消毒。水可用河水、井水或自来水，但最好用冷开水或静置 1 d 的自来水。

2. 时间　在 4—10 月都可以进行，但最佳的繁殖时间是春季枝条未发芽前，扦插成活后当年就能开花。

3. 插条 选二年生、腋芽饱满的健壮枝条作插条。插条剪成长度15 cm左右，带有4～6个腋芽，顶端留2～4片叶，然后将插条插入水中，用棉花或硬纸将其固定悬在瓶里，浸水部分占插条长度的1/2～2/3，插穗基部不要接触瓶底。10 d后，就可从节下生根；再过1周左右，切口处又生根，这时，节下的根已有10 cm长，插条可以移植。若用一年生枝条作插条，一般只从切口处生根，繁殖时间要比二年生枝条作插条的多一倍以上。

4. 管理 插条插入水中后，将育苗容器放在窗口处，避免阳光直射，2～3 d换水1次，保持温度在20 ℃以上。半个月后，节下根长至10 cm时，就可移盆定植。上盆后的1周内，应避免阳光直射；1周以后，便可按常规管理。

二、分株繁殖

分株繁殖，是在植株的根茎处，将母株分离成若干棵能独立生存的小株。这种方法操作简便，分株容易成活，但繁殖数量有限，不能满足大规模栽培的需要。多年生宿根花卉和球茎、块根花卉，以及一些灌木型木本花卉，都可采用分株繁殖法繁殖。花木的分株，一般在春、秋结合换盆或移栽进行。分株繁殖，要求分离出来的幼株都带有细根、枝条和芽，可以单独生存。如果分离出来的蘖芽（或子球）不带根，则需要经过扦插等方法培育，才能成为单独生存的植株。

茉莉花是灌木型花卉，根部经常发生不定芽，出土后长成新的枝条，可以把它从母株上分割下来另行栽植，培养为独立的新植株，一般结合移栽进行。其方法是：将全株掘起，用利刀劈开或用枝剪剪开；也可在母株周围挖开土，将分植株剪下，母株仍留原地养护，分离下来的植株，要有两条以上主根，并修去一部分枝叶，以保证成活。

三、压条繁殖

压条繁殖，是将母体的部分枝条，进行环状剥皮，然后覆于土中，待生根后自母体剪下、再行种植的一种繁殖方法。压条繁殖能保持母本的优良性状，且操作简便、成苗快，但其繁殖量少。

（一）取条及压条时间

茉莉进行压条繁殖时用的是曲枝压条，即选择老熟健壮、有饱满芽、靠近地面能弯曲的枝条进行压条。压条可在生长期进行，通常在晚秋，选择母株上生长强健的枝条即可，通常使用当年生枝条。春季压条，则用头一年生的枝条。茉莉压条繁殖，不采用高空压条；压条数量不宜超过母株枝条总量的1/2，否则会影响母株的正常生长。

（二）压条方法

茉莉花采用单枝压条法，即取接近地面的枝条作压条，在压条部位的节下予以刻伤或进行环状剥皮，然后曲枝并压入土中，使其顶端露出地面，用木钩或竹钩固定压条部位，覆土压紧。如果是盆栽的，则要用另外一个盆承接压条。压入土中的部分，要在下面用刀刻伤树皮，再用弯折竹片将其两头压入土中，使之固定。以后常加灌水，不久后在刻伤处发根，半年后，压条就可切离母株，成为一棵独立新植株。

（三）压条后的管理

进行压条繁殖时，由于枝条不脱离母体，因而管理比较容易，只需经常检查压紧与否即可。切离母体的时间，根据生根情况而定。一般来说，在春季压条的，可在当年秋季切离；但茉莉在晚秋压条的较多，因此常在翌年春季切离。切离之后即可栽植，能带土的要尽量带土栽培，并注意保护新根。

第二节　茉莉花生产园建园

茉莉花的栽植方式，按苗源不同，可分为育苗移栽和插条定植两种。育苗移栽是扦插繁殖培育成苗后，再将其移栽到大田；插条定植是将插条直接插在大田中，不经移栽而定植的方法。进行插条定植时，按一定的株行距，直接将插条插在茉莉园中进行培育。这种方法，表面上看简单快捷，但实际上效果并不理想，常出现缺株、少苗、生长不整齐等情况，因此，在生产实践中应用较少。

插条定植的时间，通常在惊蛰至清明之间，即 3 月上旬至 4 月初。这个时期，插条体内处于活动状态，有利于伤口的愈合和产生不定根；同时，这个时期气温逐渐升高，雨水较为充足，空气湿度也较大，故成活率较高。此时，宜选择晴天进行扦插，以便于田间操作和避免畦面土壤板结。扦插的方法及注意事项，与扦插育苗相似，只是株行距要大一些，每亩插种 1 200～1 800 穴，每穴插枝 8～12 条。

一、选地、整地和定植

根据茉莉花的生态习性，选择适宜的栽培地，是确保茉莉花高产、稳产和优质的基础。选地要从地势、坡向、水源和土壤等因素全面考虑。茉莉花原产亚热带，适应高温、沃土的环境条件，对生态环境的要求为喜光怕阴、喜肥怕瘦、喜酸怕碱、喜气怕闷。因此，宜选择地下水位低、向阳、排灌方便、土层深厚、疏松、肥力中等、微酸性的沙壤土或轻黏土进行栽植。地势以南向或者东南向、可以接收充足阳光为最好，一般丘陵山地和平地均可种植。

栽植茉莉花之前，要深翻土地，同时施以基肥，以便将基肥翻入土内。基肥多用腐熟的豆饼、菜籽饼、堆肥或人粪尿等，然后精耕细耙，清除杂草。栽植地周围要开设排灌沟，并与畦沟条条相通。还要酌情修建田头肥凼，以便就地积肥和贮肥。整地时，要做成宽 100～120 cm、高 25～35 cm 的畦床，畦沟宽 40～50 cm。畦面土块要打碎、耙细、整平。利用山坡丘陵地种植的，要依等高线做畦，以免雨水冲刷土壤，造成水土流失。

移栽定植的时间，以 3 月上旬至 4 月上旬为好。这时气温开始回升，苗木的根系刚开始活动，移栽后易于成活，管理也较省工。每畦双行种植，畦内按行距 60～65 cm、穴距 30～35 cm 进行开穴，穴深 10～15 cm，每亩开 3 100～3 300 穴。每穴定植株数，应随品种不同而定，双瓣茉莉每穴定植 2～3 株，单瓣茉莉每穴定植 4～5

株，定植后浇足定根水。

二、中耕

栽种茉莉花，一年需中耕、除草5～6次。第一次中耕在茉莉花尚未发芽时（新植茉莉花这时不需要中耕）；5月上旬中耕第二次；以后每月中耕一次，到9月末停止。中耕以浅锄为好，主要是铲除杂草，使土壤疏松通气。除草要除根，对深根性的杂草，去除时要一手固定植株，一手深挖草根，做到除草务尽。

三、灌溉

茉莉花园地如遇久晴不雨、土壤干燥时，应及时浇水，保持土壤湿润。如连续干旱，可采取沟灌，把水灌至畦高2/3以上，让土壤自然吸收，待畦面湿润后随即排干余水。灌水不能过畦面，也不宜久浸，以免造成土壤板结、影响根系生长。干旱时，如不及时浇水，轻者影响茉莉花生长和鲜花产量，重者导致植株受旱害死亡。特别是对喜湿润的双瓣茉莉而言，适时浇灌尤为重要。

四、施肥

茉莉花的生长发育，要求有充足的氮、磷、钾及其他营养元素，生产中应及时、充分地供给。要重施有机肥，追施复合肥，在每次花落后要追施复合肥，并增施铜、锌、铁等微量元素。在施肥技术上，要掌握因时、因地、因树、因肥合理施用的原则。新植茉莉花，最好在整地翻耕的同时，施以基肥，基肥应以有机肥为主，最常用的是腐熟人粪尿和饼肥；整地时，把基肥翻入土内，然后再种植，使植株一生长就能吸收利用。老茉莉花园也可用上述有机肥作追肥，施肥时，基肥和追肥相结合，以追肥为主；追肥时，应注意薄施勤施，幼树少施，壮树多施。入春后首次中耕时，应施第一次肥，在梅花孕蕾前再施第二次肥，整个花期应施肥6～7次。但9月上旬以后就应停止施肥，否则将会促进秋梢萌发，消耗植株养分，越冬时易遭冻害。

茉莉花用肥应以有机肥为主，化肥为辅。在施用腐熟人粪尿和饼肥的基础上，适当配以尿素、硫酸铵及磷、钾肥，对孕蕾开花有利，追肥时可结合施用。追施肥料（不论何种肥料），应浇施在茉莉花丛间，切忌泼浇到植株上。在茉莉花孕蕾初期，用0.2%～0.5%的尿素溶液，于傍晚进行根外追肥，对促进花蕾发育、提高产量和品级有一定的效果。

根外施肥又称叶面施肥，它是让溶解在水里的肥料，通过叶片的气孔或叶面角膜层，渗入叶片内部对植株发挥作用，以促进生长和开花。根外施肥必须掌握如下要点：①要选用优质无机肥料，浓度要适当。浓度过大会灼伤叶片，浓度过小不能渗入叶内，茉莉花根外施肥常用肥料及施用浓度如表3-1所示。②要在气温低、空气相对湿度大的早晨或傍晚进行，阴天也适宜。但在风大时、晴天或下雨前，均不宜进行。③施肥后，至少要确保1h保持叶面湿润，才能使肥料渗入叶片内部。④要用雾化的喷嘴，均匀喷雾。叶面、叶背都要喷遍。一般嫩叶比老叶吸收快，叶背比叶面吸收快。⑤施肥时，可将肥液与杀虫剂、杀菌剂一起喷洒。⑥所用肥料要预先配置，待完全溶解后，将杂质和沉淀物滤去方可使用。

表3-1　茉莉花根外施肥常用肥料及施用浓度

肥料名称	施用浓度（%）	附注
尿素	0.5～1	
磷酸二氢钾	0.1～0.3	
过磷酸钙	1～5	需经沉淀，取其清液
硫酸亚铁	0.1～0.5	适宜于喜酸花卉

茉莉花园地在雨水的冲刷下，容易发生土壤和肥分的流失，使土层变薄，表土理化性质变差，有效养分减少。特别是种植年久的坡地，常有此情况发生。因此，要利用冬季积肥，把河泥、塘泥等沃土，挑放在茉莉花园地的畦沟内，经充分日晒并打碎后，在中耕时培于茉莉花植株周围，花农也称此为“添土”。实践证明，年年

培土，可以有效增加园地的活土层，改良土壤，提高地力，促进茉莉花根系及地上部的生长。

五、疏叶

疏叶，又称“摘叶”或“打叶”，是茉莉花培育管理中的一项特殊措施。摘掉部分叶片，使养分集中在旺盛生长的枝梢上，刺激新梢萌发，孕育更多花蕾；同时，疏去部分叶片，可改善植株通风透光条件，抑制病虫害蔓延。因此，在良好的水肥管理条件下，疏叶是促进茉莉花增产和提早开花的重要技术措施之一。每年 2 月底至 3 月初，要进行剪枝修枝，使茉莉花提早发新芽，从而能在 4 月中旬开花上市。

疏叶方式应根据茉莉花植株的生长状况而定。凡枝条及叶片茂密、老壮的，可疏去全叶，即摘去整片叶；一般情况下只疏半叶，即摘去半片叶或一部分叶片；新抽的嫩枝叶片不必疏。无论采用哪种方式，都要自下而上地按顺序进行。摘除叶片时要留下叶柄，以免损伤腋芽。

疏叶的时间为入春后，可结合第一次中耕清园，开始轻疏叶。以后每次花汛过后，都可进行一次。8 月下旬以后应停止疏叶，以使茎叶正常生长，防止因疏叶而促发晚秋新梢，保证植株安全过冬。

疏叶要与施肥紧密结合才能发挥应有的效果。通常的程序是疏叶、除草，随即进行施肥。生产经验证明，在合理施肥和管理的情况下，疏叶比不疏叶可增产两三成。为了调剂劳力和均衡采摘，同一经营单位的茉莉园可分期分批疏叶，使花朵也分期分批开绽和成熟。疏叶切忌过重，否则容易使茉莉花植株未老先衰。

六、台刈

台刈，花农习称“倒藤”。茉莉花在定植 6～7 年后，产量达到最高峰，以后开始衰老，产量逐渐下降。因此，在植株衰老之前就必须进行台刈更新，以便恢复树势，提高产量。具体做法：用大剪刀在植株离地面高 3～5 cm 处，将地上部全部剪掉，随后培土，加强水肥管理，促进地上部分重发新枝。台刈更新通常结合剪取插条进行，每隔 9～10 年进行 1 次，一般在当年 2 月下旬至 3 月中下旬进行。在台刈前 7～10 d，应重施肥 1 次。如果栽培管理不善，茉莉提早衰老，则台刈也应随之提前进行。

七、防冻

茉莉花不耐寒。在冬季有寒流和霜冻的地方，保护茉莉花免遭冻害，是保证翌年茉莉花高产、优质的关键。茉莉花防寒越冬技术措施有以下 3 种。

（一）遮盖法

一种方法是直接给花树盖稻草，即霜期到来前，在茉莉花植株上部用一束稻草盖上。这种方法比较简单方便，适宜在霜期短暂和轻霜地区应用，但不利于茉莉花的生长发育，还容易传染病虫害。

另一种方法是搭棚遮盖，即用木桩和竹竿搭盖比植株高 20～30 cm 的棚架，当天气预报有寒流或霜冻时，在傍晚将稻草或麦秆编成的草帘盖在棚架上，如能用塑料薄膜覆盖，保温效果更好，寒流过后，把覆盖物揭去；至第二年春季晚霜期过后，即可将防寒棚拆除。这种方法造价较高，但防寒效果好。

（二）掩埋土法

近几年，湖南、湖北和浙江等地区都在探索扩大茉莉花露地栽培地域的途径，经过试验，采取掩埋土法可获得一定效果。在霜期略长、霜情较重的地方，可以采用这种方法保护茉莉花越冬。入冬前，先建好茉莉花园地的排水沟系统，并在茉莉花行间开沟，施土杂肥或厩肥、焦泥灰之类的热性有机肥料，每亩用量为 2 500 kg 左右，以提高土壤温度和植株的抗寒能力。霜期来临前，根据树势强弱，进行低位修剪，树势强壮的修剪部位略高，树势弱的修剪部位略低，然后用畦沟里的土掩埋茉莉植株，埋土的厚度要高于茉莉树茬口，愈高愈好。第二年开春后，再把掩埋的土撤回原处。这种方法简便、省费用，防寒效果又好。

采用掩埋土法，也可不先修剪。霜冻来临前，将植株于同一方向轻轻压倒，然后盖上约 10 cm 厚的细土。泥土盖好后，将土面整成龟背形并压实，以利于保温和防雨。同时，清理畦沟，防止田间积水。待翌年晚霜基本结束，扒开土壤，转入春季培育管理。若扒开土后，发现叶黄，甚至脱落、萌芽无力和树势衰退的现象，应及时进行低位修剪，以利于新枝萌发。

（三）培壅土法

在霜期短暂、霜冻又较轻的地方，可在入冬时除草、清园、松土、增施有机肥，将畦沟的土往茉莉花植株根颈部培壅，并在全园套种满花之类的绿肥作物。翌年把绿肥作物埋入土中，还可增加土壤中的有机肥料。培壅土法与搭棚遮盖结合起来，防寒效果更佳。

八、修剪

茉莉花植株的修剪，要防止两种倾向，一是修剪过重，造成开花迟，开花少；二是修剪过轻或不修剪，造成树冠郁闭，花小而少，植株衰弱。根据茉莉花不同生长期的修剪，分为生长期修剪和休眠期修剪两种。

（一）生长期修剪

即在春季萌芽至越冬停止生长所进行的修剪。茉莉花在夏季生长很快，要及时修剪，目的是改善植株通风透光条件，促使新生枝整齐粗壮。修剪方法是：剪去盲枝（不开花的枝）、徒长枝、病虫枝、细弱枝和过密枝；如新枝长势很旺，应在其长至 10 cm 长度时摘心，以促发二次枝，使开花较多，并使株型紧凑。在生长期，还要做好开花后的修剪工作。每次花凋谢后，及时剪除花柄，并将花枝和过密枝剪去，以减少养分消耗，促使腋芽萌发，达到多长侧枝、多发蕾与多开花的目的。

（二）休眠期修剪

即在春季萌芽前进行的修剪，以促使一次枝整齐粗壮，调整好树冠。修剪方法是：剪除病虫枝、枯枝和细弱枝；短截一年生枝，将先年生枝的先端剪去，保留其基部的 10～15 cm；摘除树体的全部叶片。

九、摘蕾

茉莉花在立夏前后，新梢陆续抽生，并随之出现第一次孕育的花蕾，花农称其为“带娘花”。这时由于气温仍然较低，昼夜温差大，花蕾易发育不良，花朵小，香气差，经济价值不高。为了避免养分虚耗，促使植株抽生更多新梢，孕育更多更好的花蕾，通常把第一批花蕾在现蕾时摘除。如果舍不得摘掉这批花蕾，将影响全年茉莉花的产量和质量。

十、病虫害防治

茉莉花的主要用途是窨制茉莉花茶，所允许的农药残留量极低。因此，在茉莉花生产中严禁使用甲胺磷等高毒高残留农药，应大力推广使用无公害农药及其他生物农药来防治茉莉花病虫害。坚持“预防为主，综合防治”的植保方针，以农业防治、物理防治、生物防治为主，化学防治为辅。具体参见本章“第四节　茉莉花主要病虫害及其防治”。

第三节　茉莉花生产管理技术

一、优良品种选择

茉莉花属木樨科素馨属、常绿攀缘灌木，据调查，目前我国茉莉品种有 60 多个，其中栽培品种主要有单瓣茉莉、双瓣茉莉和多瓣茉莉 3 种。

（一）单瓣茉莉

植株较矮小，高 70～90 cm，茎枝细小，呈藤蔓型，故有藤本茉莉之称，花蕾略尖长，较小而轻，产量比双瓣茉莉低、比多瓣茉莉高，不耐寒、不耐涝，抗病虫能力弱。

（二）双瓣茉莉

我国大面积栽培的用于窨制花茶的主要品种，植株高1～1.5 m，直立丛生，分枝多，茎枝粗硬，叶色浓绿，叶质较厚且富有光泽，花朵比单瓣茉莉、多瓣茉莉大，花蕾洁白油润，蜡质明显。花香较浓烈，生长健壮，适应性强，鲜花产量（三年生以上）每亩可达500 kg以上。

（三）多瓣茉莉

枝条有较明显的疣状突起，叶片浓绿，花紧结、较圆而小，顶部略呈凹口。多瓣茉莉花开放时间拖得较长，香气较淡，产量较低，一般不作为窨制花茶的鲜花。

二、种植环境条件

茉莉花原产亚热带，适应高温、沃土的环境条件，对生态环境的要求是：喜光怕阴、喜肥怕瘦、喜酸怕碱、喜气怕闷。因此在选择园地时，尽量选择光照充足、土层深厚、土壤肥沃偏酸、水源充足、排灌良好、交通方便的土地种植茉莉花。茉莉花进入采花季节后，每天必须采花并运往加工厂进行销售，采花的时间每年在200 d以上，所以种植茉莉花的园地应离茉莉花厂10 km以内，便于运花销售。

三、茉莉育苗技术

茉莉花开花后一般不结实（罕见结实），生产上多采用无性繁殖，方法有压条、分株、扦插等。茉莉再生能力强，采用扦插法，发根快，成苗率高，与压条法、分株法比较，具有操作简便、节省材料等优点，因而被广泛采用。

（一）压条繁殖

利用茉莉植株下部萌生的枝条或具有一定长度的枝梢，把其中一段压入土中，使其生出新根、剪离母枝后即成为独立的新植株。前提是必须有茉莉花母树，但一丛母树可压的枝条不多，无法满足大量的种苗供应，该方法一般用于盆栽和缺塘补苗。

（二）分株繁殖

茉莉是丛生灌木，且根茎部位能产生许多不定根，二年生以上植株常有数条茎枝，可把这些带根的茎用于分株繁殖。前提是必须有二年生以上的茉莉花母树，但此法繁殖数量较压条繁殖和扦插繁殖低，不能满足大规模栽培的需要。

（三）扦插繁殖

该方法的优点是苗床育苗占地少，土地利用率高，每亩可繁殖10万株以上苗木。由于集中扦插在苗圃里，便于管理，有充分选择苗木的余地，因而苗木的质量高，生长整齐，同时又可满足大规模生产用苗的要求，因此在生产上被广泛应用。

扦插育苗的操作方法如下：

1. 选取插穗　繁殖用的插穗主要来自每年大修剪植株时剪下的枝条，要选择无病虫害，有一定粗度的壮年枝条，同一枝条以中下部为最好。

2. 苗圃选择　要求是土质疏松肥沃，水源充足，排灌方便，交通方便的沙土或沙壤土园地。

3. 整地理墒　苗圃地育苗前深翻晒白，耙细整平，四周挖好排灌沟。按墒面宽120 cm，沟宽25 cm、深20 cm开沟理墒，墒面平整，土粒细碎。将苗床充分浇湿后，亩用芽前除草剂——异甲·莠去津150 mL兑水喷洒苗床。冬季育苗在床上覆盖好地膜。

4. 插条剪取及处理　将每年大修时剪下的枝条收集在荫蔽处，组织人力进行剪插条，操作方法是：选择有2～3个节、长度为10 cm左右的枝条，剪去叶片，上端离腋芽1 cm左右处剪平，下端离腋芽1 cm左右剪成倾斜45°角的斜口，按80～100根为一捆绑好，放在阴凉处保湿保存好。扦插前要对插条进行药剂处理：首先用咪鲜胺配成1 000倍液浸泡插条3～5 min，捞出晾干；然后再用50 mg/L的生根粉液浸泡插条20～30 min，捞出后按12 cm×4 cm的行株距扦插在苗床上，扦插时插条顶端离地面高3 cm左右。每亩可扦插15万根插条。

5. 扦插苗床管理　扦插的苗床要保持土壤湿润，晴天注意勤除草，保持苗床无杂草盖苗现象。苗床的苗木小、根系少，要施水肥，最好用清粪水浇施；薄施勤施，每个月施肥1次。苗床发现病虫危害要及时防治，可用菌核净1 000倍液＋杀虫丹1 000倍液每月喷洒1次。6～8个月后，苗木长至有2个以上分枝、2层根系、株高30 cm以上时方可出圃。

四、移栽

（一）移栽时期

以春、秋两季最佳。

（二）栽培规格

为了方便整理，应起墒种植，以有利于施肥、培土、采收为原则，一般墒宽120 cm、高20 cm，墒沟宽25 cm，在墒面两边各挖一条宽30 cm、深10 cm的种植沟，株距25 cm，行距60 cm，每亩移栽4 000株。

（三）移栽方法

选择株高30 cm以上，有2个以上分枝和2层根系、叶色正常、植株健壮、无病虫害的种苗，剪去距基部25 cm以上的枝叶，剪去过长的根系，同时用0.1％的咪鲜胺＋0.3％磷酸钙液蘸根处理3～5 min后定植。按株距25 cm定植在种植沟内，要栽正、栽直、根系顺直与土壤接合，无空洞现象，不能裸露根系，浇足定根水。墒面上可用甘蔗渣、稻草、甘蔗叶等进行覆盖。

五、茉莉花的修剪、短截

茉莉花生长发育快，当年种植当年就能孕蕾开花，第三、第四年产量最高，定植6～7年后，植株开始衰退，产量逐渐下降，为保证茉莉花连年高产稳产，每年都要进行修剪、短截，发现衰老现象还须进行更新。

（一）打顶、短截

幼龄茉莉（6个月）的苗架小、分枝少，需要尽快培养丰产树形，因此要打顶，破坏顶端生长，促使其多芽分枝，形成更多的花蕾。经调查，打顶苗木比不打顶苗木发芽、孕蕾早 7～10 d，新枝数量多 2～3 倍。打顶时遇有花蕾也要进行，主要是针对新植的幼树。

短截是在每年 2 月上中旬，茉莉花现蕾前将徒长枝剪短，保留 3～4 对叶片，使徒长枝的顶端优势减弱，促使早孕蕾。进入采花期，每一束花采完都进行一次短截，短截程度应根据枝条生长的部位、密度酌情进行，原则上要使每丛茉莉能最大限度地增大光照面，主枝、分枝分布均匀，通风透气，每次短截枝条约占枝条总数的 2/3。

（二）冬季修剪

除打顶、短截外，修剪也是茉莉花高产优质栽培的关键技术措施，冬季修剪在每年 12 月中旬以后或者第二年的 1 月上中旬进行。先进行 1 次大修剪，即在离地面 20～25 cm 处进行大平剪，形成一个整齐的树冠，以后每年修剪时，在上一年的修剪面上提高 3 cm 左右，修剪时还要剪去枯枝、弱枝、病枝及垂地枝。修剪可以减少养分损耗，使主枝及新芽生长健壮。修剪下的枝条可以用于扦插育苗，不能利用的部分要集中烧毁。修剪后结合中耕进行施肥管理。

（三）夏季修剪

茉莉花夏季修剪通过农技措施，为茉莉花创造一个通风透光的良好环境；同时，根据茉莉花市场行情，人为调节产花高峰期，避开花价低潮，提高种花效益。茉莉花夏季修剪对象为种植一年以上的茉莉花树。每年 6 月上旬，用大修枝剪、电动绿篱剪等工具将茉莉花离地面 50～60 cm 处进行平剪，剪去上部所有枝叶，使茉莉花树形成一个整齐的树冠，将剪下的枝叶清除干净，再将病枝、枯枝、垂地枝以及下部的细弱枝全部清除。修剪后及时中耕松土，每亩施用茉莉花专用肥 40 kg、硫酸钾复合肥 15 kg，及时防治病虫害。

（四）更新

茉莉花定植 6～7 年后，植株生长发育能力衰退，一些茉莉园或个别植株因管理不善、生长缓慢引起早衰，此时应进行更新。具体做法是：用大修枝剪将离地面 3 cm 以上的部分全部剪除，或齐地面大平剪，随即施肥、培土，促使地上部分重新发枝。

六、肥水管理

茉莉花是一种以采收鲜花蕾为目的的经济作物，横州每年的采花期为 9 个月（超过 200 d），整个采花期需要有足够的肥料投入。

（一）水分管理

茉莉花苗定植后要浇足定根水，以后根据茉莉花对水分的要求，保持土壤含水量为 60%～70%。水分过多会导致烂根、叶黄，严重时发生黑根、死亡；干旱时则导致叶片萎蔫、花蕾干缩。因此要注意遇干旱及时灌水，雨天开挖排水沟防止积水。一旦茉莉花树出现叶片微卷应及时淋水或灌跑马水。

（二）土壤管理

中耕除草就是为茉莉花树创造一个透气、保水、疏松、无杂草的环境，全年要进行 6～7 次。离苗木基部远处要适当深耕，近处要浅耕，一般入土 7 cm 左右。干旱季节中耕后，摘面上铺一层甘蔗渣、甘蔗叶、稻草等，具有防草、抗旱的效果。

七、茉莉花的采收与储运

种植茉莉花的目的是采摘质量好、数量多的鲜花，进行花茶加工，因此，除了加强种植管理外，最后关键就在于及时、合理地对鲜花进行采收与储运。

（一）鲜花采收的标准

花蕾成熟，能在当天晚上开放吐香（含苞待放），具体要求是：花蕾朵朵成熟、饱满丰润、色泽洁白，单朵短蒂，无病虫伤花、无生花、无开花、无茎叶等杂物。

（二）采摘方法

用拇指和食指尖夹住花柄，手掌心斜上方，食指稍微用力，花蕾即可采下。

（三）储运方法

采花时用竹篓或布袋盛花，避免阳光直射，将所采的鲜花集中后，应用竹篓或尼龙网袋装好，及时运往收购地点。具体可见本章“第五节　茉莉鲜花采摘与储运”。

第四节　茉莉花主要病虫害及其防治

茉莉花病害主要有白绢病、枝枯病，虫害主要有茉莉花蕾螟（花心虫）、烟粉虱、卷叶螟、蓟马、红蜘蛛等。

一、茉莉花主要病害及防治

（一）白绢病

白绢病（败花病）是一种由真菌感染引起的病害。主要表现：病原首先在近地面的基部枝干和下部根系蔓延扩展，形成白色绢丝状的膜层，然后逐渐形成白色、黄色的油籽颗粒，即病原菌的菌核，这是识别白绢病的主要症状。苗木发病后，患病处茎、根的皮层腐烂，植株养分输送受阻；叶片枯死脱落，最后整株死亡。

防治方法：严格检疫，杜绝菌源；做好园地排水工作；在开花期用咪鲜胺1 000倍液喷药防治；发病严重的要将病株挖出烧毁，原土用菌核净消毒后补栽。

（二）枝枯病

在春秋季发病多，尤其是秋季发病最盛，对秋后产量影响大。此病首先在当年生新枝的基部产生褐色小斑纹，此时枝条上部保持正常生长状态，随着病斑扩展，当危及某一侧枝的养分输送时，侧枝上部枝叶开始枯萎，继而变成褐色枯枝；当病斑扩大到枝条基部整个皮层时，发病部位以上的所有枝叶枯死。

防治方法：及时修剪枯枝，防止蔓延传染；采完花后用百菌清1 000倍液喷药防治。

二、茉莉花主要虫害及防治

危害茉莉花的害虫主要有茉莉花蕾螟（花心虫）、烟粉虱、卷叶螟、蓟马、红蜘蛛等。

防治方法：冬季修剪、清园、消灭虫害越冬源；结合采花摘除受害花蕾、受害枝梢；每茬花采完后，结合打顶、短截将病虫枝清除并集中烧毁；也可用吡虫啉、高效氯氰菊酯、溴氰菊酯等高效低毒低残留农药防治。

第五节　茉莉鲜花采摘与储运

一、茉莉鲜花的采摘

茉莉鲜花的采摘需要注意采摘标准和采摘时间。

采摘标准为选择花蕾基本成熟，花朵饱满、肥壮洁白，含苞待放，且当晚能够开放的鲜花。采摘时要留下花萼和花柄。根据花蕾的成熟情况，可以分为“当天花”（或称为成熟花）、“青蕾”（也称为青子或生花）、“白花”（也称为开花）3 种。当天花是指能够在当天晚上适时开放的花，花蕾发育成熟，外观饱满、洁白，花冠管伸长充分，花萼远离花冠基部；青蕾则是指未成熟的花蕾，花朵小而不饱满，色泽略带青色，花冠管较短，花萼尚包住花冠基部，这些花朵当天晚上不能开放，需要等到成熟后才能采摘；白花是指前天在茉莉树上已成熟、开放了的花，因其芳香物质大部分已挥发，在制作花茶方面几乎没有经济价值。

每天适宜的采摘时间为下午 2:00 以后。过早采摘，花蕾成熟度不够，阳光照射下花蕾青白不易识别，此时采摘，不仅产量低，含青蕾多，而且茉莉花芳香油也没有充分积聚，采摘质量也差。下午 2:00 以后采摘，当天花已经充分发育成熟，芳香油积聚已接近饱和，此时采摘，质量和产量都会达到最高值。

在采摘过程中，工人们需要头戴简易的遮阳工具，顶着烈日穿行田间，挑选颜色洁白、花形饱满的花蕾。采摘时要轻拿轻放，以免损伤花朵，同时也要注意保持采摘工具的清洁卫生，避免对花朵造成污染。

二、茉莉鲜花的储运

（一）采摘后处理

采摘后应及时处理，剔除青蕾、病虫花蕾、叶片、细枝和其他夹杂物。

（二）储存环境

茉莉鲜花应存放在阴凉、通风、干燥的地方，避免阳光直射和潮湿。同时，储存环境应清洁、无异味，以防花朵受到污染。

（三）包装与运输

在包装茉莉鲜花时，应使用透气性好、无异味的包装材料，如尼龙丝网袋或竹箩。每袋（箩）盛装鲜花不超过 15 kg，以保持花朵的通风和散热。在运输过程中，应尽量避免花朵受到挤压或其他机械损伤，保持平稳运输，以减少花朵的损耗。

（四）温度与湿度控制

在储运过程中，应注意控制温度和湿度。温度过高或过低都会影响花朵的质量和寿命。一般来说，茉莉鲜花的储存温度应保持在 5～15 ℃，空气相对湿度应保持在 60%～80%。

（五）保鲜措施

为了延长茉莉鲜花的保质期，可以采取一些保鲜措施，如冷藏保存、气调保存等。冷藏保存是将花朵放在低温环境中，以延缓花朵的腐败；气调保存则是通过调节储存环境中的气体成分，抑制花朵的呼吸作用，延缓花朵腐败。

第四章 茉莉花茶加工

第一节 茉莉花茶窨制原理

茉莉花茶由毛茶加工的茶坯与茉莉茶用香花的鲜花拼和窨制而成。花茶窨制的目标就是让茶坯充分吸附香花释放的香气挥发性化合物，从而使茶叶拥有特定的花香。制作过程涉及香花的香气释放、茶坯对挥发性化合物的吸附，以及相关工艺处理引起的理化变化。

一、香花挥发性化合物特征、形成及调控

（一）香花挥发性化合物特征

1. 香花挥发性化合物的分类及其形成途径 香花的花瓣（或整个花器官）能释放出一系列的低分子质量（<300 u)、低极性、低水溶性、高蒸气压的挥发性化合物，这些挥发性化合物混合在一起就形成了香花的香气。目前已经从 60 多个科的植物花中鉴定出 1 700 多种头香化合物，这些挥发性化合物主要包括烷烃类、烯类、醇类、醛类、酮类、醚类、酯类和芳香族化合物等，按照生物合成途径，通常可以分为萜烯类化合物、苯丙酸类/苯环型化合物和脂肪族化合物三大类。

(1) 萜烯类化合物 几乎所有植物的香花挥发性化合物中都含有萜烯类化合物，其中最常见的是单萜烯和倍半萜烯。单萜烯主要有含氧单萜烯（如芳樟醇、香茅醇、香叶醇、橙花醇等），直链单萜烯（如月桂烯、罗勒烯等），单环单萜烯（柠檬烯、紫罗酮等）及双环单萜（蒎烯、香桧烯等）。萜类合成的前体是异戊烯基二磷

酸（IPP）和二甲基烯丙基二磷酸（DMAPP）。对于异戊烯和单萜，IPP 和 DMAPP 来自质体的三磷酸甘油醛-丙酮酸途径，关键酶是 1-脱氧木酮酸-5-磷酸酯合成酶（DXPS）。异戊烯作为萜类最简单的 C5 结构，以 DMAPP 为直接的前体。对于倍半萜，IPP 和 DMAPP 可能来自细胞质的乙酸-甲羟戊酸（acetate-MVA）途径，其合成的主要限速酶为 3-羟基-3-甲基戊二酰基-辅酶 A 还原酶（HMGR）。在质体和细胞质中分别合成的单萜底物牻牛儿基二磷酸（GPP）和倍半萜底物法尼基二磷酸（FPP）最后在萜类合成酶（TPS）的催化下生成各自的产物。

(2) 苯丙酸类/苯环型化合物 如丁子香酚、异丁子香酚、苯甲醇、苯乙醇、乙酸苯甲酯、苯甲酸甲酯、乙酸苯乙酯等，茉莉花中含有大量的苯甲酸甲酯等。

(3) 脂肪族化合物 脂肪族的直链烷烃、烯、醇、醛、醚、酯等化合物也是香花挥发物的组成成分，茉莉花中含有大量的芳樟醇、苯甲醇等。脂肪酸衍生物包括小分子的醇类和醛类，其合成途径的主要调控酶是脂肪氧化酶（LOX），作为植物脂肪酸代谢的关键酶，LOX 催化以亚油酸（18∶2）、亚麻酸（18∶3）等 C16、C18 不饱和脂肪酸等为底物的异构过氧化反应，生成短链烃类化合物。

2. 茉莉花香花及其香气挥发性化合物的特征 茉莉花花瓣白色，主要有单瓣茉莉、双瓣茉莉和多瓣茉莉 3 种，香气清爽鲜灵。茉莉花花期较长，全年分为 3 期：第 1 期为春花，小满至夏至，由于这段时间正值梅雨季节，因此也叫梅（霉）花，该期花约占全年产量的 18%，身骨轻软，品质较差；第 2 期为伏花，小暑至处暑，该花期气候炎热、少雨，适宜茉莉花的生长，此时花蕾饱满，色泽晶莹洁白，体重香高，质量最好，产量占全年产量的 60%～70%；第 3 期为秋花，白露至秋分，产量低于伏花，占全年产量的 15% 左右，质量也较伏花稍次，但如果秋季气候炎热，该期所产花的品质也很好。

从茉莉香花头香中已鉴定出近 100 种挥发性化合物，最主要的赋香成分有芳樟醇、乙酸苯甲酯、苯甲酸甲酯、顺-3-己烯醇、乙酸-顺-3-己烯酯等，α-萜品醇对茉莉香气也有较大影响。

(二) 香花挥发性化合物的形成、释放与调控

1. 香花挥发性化合物的形成与释放　挥发性化合物几乎都形成于花器表皮细胞中，这样可以很容易地释放到环境空气中。绝大多数挥发性化合物是在其释放的花器组织中从头开始合成的。

香花挥发性化合物的形成与释放受到发育调控。一般情况下，随着花芽的发育，挥发性化合物含量逐渐增加，在花适宜授粉时达到峰值，然后下降。因此，花的特征芳香气味是随着花瓣的展开，在开花期显现出来的。研究表明，在整个花芽发育阶段，挥发性化合物形成过程中，最后形成步骤涉及的酶活性、酶蛋白水平和相应结构基因的表达水平同时变化，说明挥发性化合物的形成在很大程度上受到基因表达水平的调控。挥发性化合物的释放一般发生在花的特定发育阶段，并且在一天中特定的时间内，即香气化合物释放具有昼夜时间节律。其释放调节的机制是非常复杂的，涉及特定基因的表达、特定酶的活力，及可利用的基质。香气化合物在大气中的释放与其生物合成速率和释放速率相关，释放速率与化合物本身的物理性质有关（即化合物的挥发性），也与细胞和细胞内膜有关，因为挥发性化合物需要通过膜才能扩散出来。

Oka 等（1999）研究发现，许多种花在其发育过程中都累积了大量的挥发性化合物的糖苷前体，这些挥发性化合物的糖苷前体有时也被发现存在于花芽中，由此提出，这些挥发性化合物是由“香气前体”糖苷化合物经过酶水解形成的。Watanabe 等（1993）从茉莉花中已分离鉴定出 5 种糖苷类香气前体化合物，包括（S）-芳樟基-β-D-吡喃型葡萄糖苷、芳樟基丙二酰-β-D-吡喃型葡萄糖苷、苯甲基-8-樱草糖苷、2-苯乙基-β-樱草糖苷和 2-苯乙基-8-芸香苷。随着花的成熟与开放，这些前体化合物由特定的酶水解形成挥发性化合物，这些特定的酶也是随着花的成熟而诱导形成的，或者是由非活性状态转化成活性状态。茉莉花开放

期间，香气化合物的释放也表现出昼夜时间节律，苯甲醇、芳樟醇、乙酸苄酯和邻氨基苯甲酸甲酯的香气含量在离体后 6 h 有一明显释放高峰。

2. 茶用茉莉花香花开放过程中的香气化合物变化 茉莉花开放过程中，香气的释放可以分成三个阶段：未成熟期、成熟期和枯萎期。刚采摘的花蕾处于未成熟期，含苞待放，香味甚微，香气组分少；进入成熟期，酯类和醇类的数量增加；在枯萎期，酯类含量明显下降，醇类含量却略有增加。具有茉莉清香的乙酸-顺-3-已烯酯、乙酸乙酯和苯甲醇等香气组分，以采后 22 h 含量达最高；苯甲酸甲酯和乙酸苯甲酯的含量则以放置时间较短为高；芳樟醇到成熟期时含量高，然后逐渐降低。根据茉莉花发育及其香气释放的昼夜时间节律，一般以下午采摘花蕾为好。

3. 影响香花香气释放的环境因素

(1) 温度 温度是影响香花开放释放香气的主要环境因素。温度可以影响香花呼吸作用、酶活性、香气化合物基质的形成、花蕾生长速度等。

当温度低于 20 ℃时，离体茉莉花蕾难于成熟开放。研究表明，茉莉花在 30 ℃和 35 ℃条件下呼吸速率的变化趋势基本相同，峰值差异不大，但在 40 ℃时呼吸速率降低，且没有明显呼吸峰。温度对花的开放度影响也较大，35 ℃条件下花的开放迅速，而 40 ℃时开放受到抑制。35 ℃条件下，苯甲酸甲酯、苯甲醇、邻氨基苯甲酸甲酯等组分含量高于 30 ℃条件，而其他香气组分含量则低于 30 ℃条件，说明提高温度对不同香气组分释放的影响并不相同。40 ℃条件下，呼吸速率降低，香气的释放也受到影响，此时，除苯甲醇外，其余的香气成分含量及香精油总量均有较大幅度降低；而感官评审结果也反映出，在此温度下，整个茉莉花开放释香过程中，茉莉花特征香气很淡薄。茉莉花开放的最适温度应控制在 33～35 ℃，加温措施虽能促进花蕾提前开放，但会影响吐香或花蕾开放度。

茉莉花香花内苷类等内含物是形成芳香油的基质，它在外界温度的控制下发生变化。当外界温度较高时，酶的活性加强，苷类被水解为香精油和葡萄糖，葡萄糖氧化后分解成水和二氧化碳并放出热量，使鲜花周围温度上升，在一定范围内（45 ℃以下）又可不断地促进香精油的形成和挥发，直至鲜花凋谢。在气温较高的“伏花”时期，为了保持鲜花的正常开放和吐香，鲜花进厂后需要摊晾，并用风扇加速空气流通；但为了促进鲜花开放，又需要用堆积的方法使花温增高，当温度达到 40 ℃左右时又要及时摊晾；这样反复进行 2～4 次，直至大部分香花开放时，方可开始窨花。相反地，在气温较低的“秋花”时期，为了保持室温，常常把门窗关闭，甚至在花堆上覆盖布袋或采取其他措施，将室温增高至 30 ℃左右，进而使花温增高，促进鲜花开放。

(2) 水分　离体花蕾失去了吸收水分的主要途径，水分代谢平衡被打破。而香花的挥发性化合物是随着香花的开放形成并释放的。因此，保证鲜花的水分对维持其正常代谢活动是必要的，有助于鲜花香气化合物的形成与释放。

(3) 空气相对湿度与流速　在空气相对湿度方面，其主要通过温度、花香扩散而发挥作用。最适宜茉莉花开放的空气相对湿度为80％左右，空气相对湿度超过 90％时难以吐香，低于 70％则开放迟缓。气流凝滞时，氧气不足，香花虽然开放但不吐香；气流过快时，香花的水分蒸发过快，将延迟开放吐香。

4. 影响香花香气质量的因素

(1) 品种　不同品种的香花含有不同的挥发性化合物及表现出不同的香气特征。广西横州种植的茉莉花香花以双瓣茉莉为主，与单瓣茉莉、多瓣茉莉相比，其产量更高、香气更浓、抗病力更强，并以花期早、花期长（花期为 4 月至 10 月底）、花蕾大、产量高、质量好、饱满洁白、香气浓郁等特质而闻名。横州茉莉花茶条索紧细、匀整，香气浓郁、鲜灵持久，滋味浓醇，叶衣嫩匀，耐冲泡。

(2) 生产期　有的鲜花生长期长，如茉莉花、桂花等，不同花期的鲜花香气质量有差异。茉莉的花期较长，开始于初夏结束于深秋，花期内气象因素变化大，特别是气温变化较大，花的香气品质也有差异。

(3) 产地 不同产地香花也表现出不同的挥发性化合物特征。茉莉花主要种植的区域分布在长江以南，包括江苏、浙江、福建、台湾、广东、广西、云南等地。其中，福建、广东、广西的种植量相对较多，尤其是广西横州，被誉为“中国茉莉之乡”，其茉莉花种植已有400余年的历史，种植面积和产量均居全国前列。

横州市位于广西东南部，南宁市东部，东连贵港市，南接灵山县、浦北县，西界青秀区，北壤宾阳县。地处东经108°48′—109°37′，北纬22°08′—23°30′，总面积3 448 km^2。横州市地处北回归线以南，属典型的亚热带季风气候，常年水量充沛，日照充足，土壤有机质含量高，十分适宜茉莉花生长，水资源丰富，年平均降水量1 450 mm，良好的气候条件孕育着茉莉花生长，种植出来的茉莉花以花期早、花期长、花蕾大、饱满洁白、香气浓郁等特质而闻名。

二、茶叶的吸附特性

（一）茶坯

毛茶经过精加工后，作为窨制花茶的茶叶原料称为茶坯或素坯。可供制花茶的茶叶主要是绿茶，还有少量红茶、乌龙茶；在绿茶中又以烘青绿茶为主，其次是炒青绿茶，也有用各种细嫩烘青绿茶（名优茶）制作高档花茶。目前我国花茶市场的主流产品还是以烘青绿茶为原料加工的茉莉烘青花茶，其产量占花茶产量的80%～90%；其次是茉莉炒青花茶。烘青窨制花茶不仅数量多，而且品质好，符合我国花茶消费者的口味。

1. 茶坯品质的基本要求 对花茶茶坯品质最基本的要求为品质正常，不得有非茶类夹杂物，不得混有任何添加剂。在2000年以前，对不同等级茶坯的品质全国有统一要求（表4-1，表4-2）；目前，茶坯质量主要由各生产企业自行控制，但大多数企业对级内茶坯的质量仍然按照表4-1或表4-2的要求执行。

表 4-1　烘青类花茶级型坯各等级感官品质要求

级别	外形				内质			
	条索	整碎	净度	色泽	香气	汤色	滋味	叶底
特级	细紧或肥壮紧，直显锋苗、显毫	匀整	净	绿油润	嫩香	黄绿明亮	浓醇鲜爽	细嫩或肥嫩，匀齐明亮
一级	细紧有锋苗或肥壮紧结有毫	匀整	尚净	绿润	清香	黄绿尚明亮	醇爽	细嫩或肥嫩，明亮
二级	紧结	尚匀整	有嫩茎	绿尚润	尚清香	黄绿尚明亮	尚醇爽	嫩匀，明亮
三级	紧实	尚匀整	稍有茎梗	尚绿润	纯正	黄绿尚明亮、黄绿稍明	醇和	尚嫩匀，尚明亮
四级	尚紧实	尚匀	有茎梗	黄绿	平正	黄绿	尚醇和	稍有摊张，黄绿
五级	稍粗松	尚匀	有梗朴	黄绿稍枯	稍粗	黄略暗	平和	稍粗大，黄绿稍暗
六级	粗松、轻飘	欠匀	多梗朴片	黄稍枯	粗	黄暗	粗淡	粗梗，稍黄暗

表 4-2　炒青（含半烘炒）类花茶级型坯各等级感官品质要求

级别	外形				内质			
	条索	整碎	净度	色泽	香气	汤色	滋味	叶底
特级	紧细显锋苗	匀整	洁净	黄绿润	高爽	黄绿亮	浓醇爽	嫩匀，绿明亮
一级	紧结	匀整	稍有嫩茎	黄绿润	香高	黄绿尚亮	浓醇	尚嫩匀，绿亮
二级	紧实	匀整	有嫩茎	黄绿	尚高	黄绿尚明	尚浓醇	尚嫩，黄绿
三级	尚紧实	尚匀整	有茎梗	黄绿	纯正	黄绿	醇和	尚嫩，绿黄
四级	粗实	尚匀整	带梗朴	绿黄稍枯	平正	绿黄	平和	稍有摊张，黄
五级	稍粗松	尚匀	多梗朴	黄稍枯	稍粗	黄稍暗	略粗淡	稍粗，黄稍暗
六级	粗松	尚匀	多梗朴片	黄枯	较粗	黄暗	粗淡	较粗，黄暗

2. 茶坯的加工 毛茶进厂经过验收，拼和后按级付制。通过抖筛、圆筛、切轧、风选、拣剔等整理，将毛茶中的长短、轻重、粗细、老嫩分清，分离出梗、片、末和其他非茶类夹杂物等，分清规格，然后按各级品质要求进行拼配，调剂品质，使茶坯级型符合品质要求。各级茶坯各段茶一般拼配比例可以参照表 4-3 执行。

表 4-3 各级茶坯各段茶拼配比例

单位：%

段别	平圆筛筛孔	特级	一级	二级	三级	四级	五级	六级
上段	7 孔上	25	30	35	40	45	50	55
中段	7 孔下 9 孔上	60	55	50	45	40	35	30
下段	9 孔下 14 孔上	12	11	10	10	9	9	9
下身	14 孔下 24 孔上	3	4	5	5	6	6	6

（二）茶坯的吸附特性

物体表面上的原子或分子的引力场是不饱和的，因此就有吸附其他分子的能力，这就是吸附作用，它也是固体表面最主要的性质之一。茶坯吸附香花挥发性化合物是通过物理吸附和化学吸附来达到着香目的的。

1. 物理吸附 物理吸附中，固体表面与被吸附分子（吸附质）之间的力是范德华力，因此物理吸附也可以看作是由蒸汽冷凝形成液膜。由于任何气体皆可以液化，也就是说任何气体分子与吸附剂之间都存在范德华力，故物理吸附一般无选择性，只要条件合适，任何固体皆可以吸附任何气体，但吸附的量会因吸附质的不同而有差异；同时，物理吸附可以是多分子层的。物理吸附速度较快，很快即可达到平衡；物理吸附的过程是可逆的，通过降低压力，可以使吸附质解吸附。

(1) 表面吸附　固体的表面吸附能力与其比表面积成正比，茶叶具有较大的比表面积。金小靖（1986）采用表面测定仪及N吸附法，测定出炒青绿茶和烘青绿茶的比表面积约为2.1 m^2/g（干重）。杨伟丽等（1995）以苯为吸附质，用迎头色谱法测定出特级到五级茶坯的比表面积为0.75～1.25 m^2/g（干重）。不同级别茶坯的比表面积有显著差异，对吸附质的吸附量也有显著差异。

(2) 毛细管凝结　当温度低于临界温度，吸附一般为多分子层的物理吸附。如果吸附剂是多孔固体，则可能发生两种情况：第一种情况是吸附层的厚度可能被限制，即所谓的微孔填充；第二种情况是增加了毛细管凝结的可能性。所谓毛细管凝结，即是当圆形孔处于气体吸附质的环境中，孔壁先吸附一部分气体，如果该气体冷凝后形成的液体可以湿润孔壁时，随着该气体相对压力逐渐升高，吸附层厚度会逐渐增加，所余留下的孔心半径逐渐减小；当气体相对压力和余留的孔心半径符合开尔文公式，气体便在孔隙内冷凝；当气体相对压力达到吸附质的饱和蒸气压时，所有孔隙都被液态吸附质所填满。孔的半径越小，发生毛细管凝结的相对压力越低，越容易发生毛细管凝结作用。

茶叶是疏松多孔性固体物料，在干燥状态下，内部有大量的毛细管存在。故在花茶窨制过程中，茶叶可以借助毛细管凝结作用，对香花的挥发性化合物进行大量吸附。

2. 化学吸附　所谓化学吸附作用，是由于固体表面存在不均匀力场，表面上的原子（或分子）往往还有剩余的成键能力，当气体分子碰撞到固体表面上时，便与表面原子（或分子）发生电子的交换、转移或共有，形成较为牢固的吸附化学键。在化学吸附中，吸附剂与吸附质之间的化学键力和化合物反应中原子间形成的化学键力相近，比物理吸附的范德华力要强，其吸附热也高得多，与化学反应热相近。化学吸附需要一定的活化能，所以吸附速度一般较慢；固体表面和吸附质之间要形成化学键，所以化学吸附总是单分子层的，具有较高的化学专一性；化学吸附是不可逆的，很难解吸附。用除去水浸出物、醚浸出物茶样的窨制比较试验表明，除去水浸出物的茶坯仍然吸附有大量的香精油，但香气组分与对照（未去除水浸出物）有很大的差异，其中茉莉花茶香气的主要组分，如α-法尼烯、苯甲醇、苯甲酸-（Z）-3-己烯酯、吲哚、邻氨基苯甲酸甲酯等含量明显低于对照，没有正常的茉莉花香。由此可以推论花茶窨制过程中存在着化学吸附。

花茶窨制过程中，起始茶坯含水量高，茶坯水分活度高，化学吸附作用强。化学吸附是不可逆的，与化合物的结合度高，要释放吸附质（挥发性香气化合物）是相当困难的，这也正是高含水量（高水分活度）茶坯吸香能力强、保香效果好的原因。

通常情况下，物理吸附与化学吸附作用并存，特别是以气体为吸附质时尤为明显。当温度较低时，化学吸附速度很慢，主要是物理吸附；随着温度的升高，化学吸附速度逐渐增加，吸附量随着温度的升高而增大，但物理吸附量随着温度的升高而减少，当温度很高时，主要是化学吸附。但是二者间的界限并不能明确区分开。

3. 影响茶叶吸附香气的主要因素 花茶窨制过程中，茶叶对香气化合物的吸附受到茶叶本身的理化性质、香花释放的香气化合物浓度、环境温度、窨制时间等诸多因素的影响。

(1) 茶坯 传统花茶主要以烘青茶坯为原料加工。近年来，除了烘青茶坯，也有用炒青茶坯、半烘炒茶坯加工花茶的。不同茶坯的比表面积不同（表4-4），炒青茶坯的比表面积最高。但是在用

表4-4 不同类型茶坯的比表面积与香气吸附能力

（杨伟丽，1995）

茶坯类型	比表面积（m^2/g）	乙酸乙酯吸附量（$\times10^{-2}$ mmol/g）
烘青茶坯	1.225	2.715
炒青茶坯	1.510	3.105
半烘炒茶坯	1.295	1.965

茉莉香精进行模拟实验时，当3种茶坯吸附至3～6 h时，其吸香浓度排序依次为半烘炒茶坯＞烘青茶坯＞炒青茶坯，炒青茶坯香气明显低；吸附至9～12 h，吸香浓度排序变为烘青茶坯＞半烘炒茶坯＞炒青茶坯。工业性生产试验也表明，3种茶坯的吸香能力和保香效果均存在明显差异，依次为烘青茶坯＞半烘炒茶坯＞炒青茶坯。

(2) 配花量　在吸附过程中，吸附质的浓度高，则吸附速度快，吸附平衡容易达到。在花茶窨制过程中，配花量与挥发性化合物的浓度直接相关。

在花茶窨制实践中，一般通过多次窨制来实现茶坯对香气化合物的充分吸附，特别是茉莉花茶的窨制。根据各级茶坯的要求不同，每次制的下花量也不同。花茶窨制过程中，制品中香精油的含量随着窨次的增加而大幅度上升，但随着窨次的增加，茶坯对挥发性化合物的吸附效率会逐渐降低。

(3) 茶坯含水量　茶坯含水量直接关系茶坯的水分活度，也直接关系茶坯的化学吸附能力。此外，不同含水量也影响茶坯的比表面积（表4-5），随着含水量增加，茶坯的比表面积也增大，茶坯的吸附能力提高。

表4-5　不同含水量茶坯的比表面积与吸附量

茶坯含水量（%）	比表面积（m^2/g）（以干重计）	吸附量（$\times 10^{-2}$mmol/g）（以干重计）
5	1.225	0.250
10	4.774	0.427
15	2.659	0.285
20	33.375	0.308
25	71.200	1.067

此外，在茉莉花茶窨制过程中，适宜的茶坯水分也有利于保持鲜花的生机，促进鲜花的香气形成与释放，提高窨制过程中鲜花香气化合物释放的总量。

(4) 温度 在花茶窨制过程中，温度的作用有两个方面：①鲜花香气化合物的形成与释放需要一定的温度。适宜的温度可以使鲜花香气化合物的释放达到最佳水平，从而提高香气化合物浓度，促进茶坯的吸附。例如，茉莉花花蕾在 20 ℃以下时难以成熟开放，不能释放香气化合物，但是高于 40 ℃也不利于茉莉花花蕾的开放释香。②茶叶对挥发性香气化合物的吸附包括物理吸附和化学吸附，随着温度的升高，化学吸附作用增强，花茶的吸香和保香能力都得到一定增强。研究表明，在茉莉花茶加工中，适度的高温（37～48 ℃，且 48 ℃持续时间＜1 h）有利于茶坯对花香的吸附。

4. 花茶窨制过程中的其他变化 花茶窨制过程中，茶坯的水分活度和温度逐渐升高，湿热作用会引起茶坯发生一系列的化学变化。如窨制后的茉莉花茶，干茶色泽由墨绿色转向暗褐色，汤色由黄绿色转向深黄色或褐黄色，叶底绿色减退，黄褐色成分增加，这主要与窨制过程的色素变化及非酶氧化有关。

(1) 色泽的变化 花茶窨制过程中，干茶色泽和汤色的色差 L 值和 a 值、b 值都逐渐下降，从 L*a*b*色差系统分析，色泽都是逐渐变黄、变暗的。

(2) 儿茶素的变化 在热加工过程中，儿茶素会发生聚合、氧化等反应。在高水分活度及较高温度、长时间的窨制过程中，儿茶素总量减少。其中，表儿茶素没食子酸酯（ECG）、表没食子儿茶素没食子酸酯（EGCG）含量明显降低，儿茶素（D,L－C）、表儿茶素（EC）、表没食子儿茶素（EGC）含量略有降低，没食子儿茶素没食子酸酯（GCG）含量先降低后增加。

(3) 叶绿素和抗坏血酸的变化 茉莉花茶加工过程中，叶绿素、抗坏血酸含量明显下降。在热加工过程中，叶绿素会降解，抗坏血酸会发生氧化，相关颜色发生变化。在花茶加工过程中，汤色加深的主要原因是儿茶素氧化聚合以及抗坏血酸氧化；叶色变黄暗的主要原因是窨制过程中叶绿素发生了变化；口感变醇是茶汤中儿茶素总量及儿茶素组成比例发生变化，以及儿茶素与氨基酸含量比值降低等多因素的综合作用。

(4) 香气化合物的变化　茉莉花茶窨制过程中，干燥作业对花茶品质有影响，特别是对香气化合物影响大。干燥后香精油总量降低了约15%，芳樟醇、α-法尼烯的含量分别降低了17%和34%，而吲哚、苯甲醇的含量均有增加。因此，在茉莉花茶窨制过程中，必须对干燥温度、时间等进行有效控制。

第二节　茉莉花茶传统窨制工艺

茉莉花茶香气馥郁芬芳，滋味醇厚，深受广大消费者喜爱。目前，茉莉花茶产量占我国花茶总产量的90%左右。

茉莉花茶窨制工艺一般可分为传统窨制工艺和增湿连窨新工艺等。两种工艺有着各自的工艺流程和窨制原理。

20世纪90年代以前都采用传统加工工艺窨制茉莉花茶，其加工技术理论认为，花茶窨制过程中茶坯的吸香作用属物理吸附，茶坯含水量高时，其对香气的吸附能力下降，当含水量达到18%～20%，其吸附性能等于零。因此，传统窨制工艺的关键是尽可能减少茶坯的含水量，以使茶坯的吸附能力保持。在茉莉花茶的传统窨制工艺实践中，对起窨茶坯和窨后茶坯的含水量要进行严格控制。

一、工艺流程

茉莉花茶的传统窨制工艺较为复杂（图4-1），包括茶坯处理、鲜花处理、茶花拌和、静置窨花、通花散热、收堆续窨、起花、复火干燥等，此一过程为一个窨次。中高档茉莉花茶为提高香气品质，茶坯在完成一个窨次后，还需再进行一次或多次窨制，即多窨次窨制。一般，高档茉莉花茶进行4～7次窨制；中档茶进行2～3次窨制；低档茶进行1次窨制，或一半用鲜花窨制、一半用已窨制过的茉莉花渣进行压花，然后拼配混合。工艺流程最后是提花、匀堆、装箱。

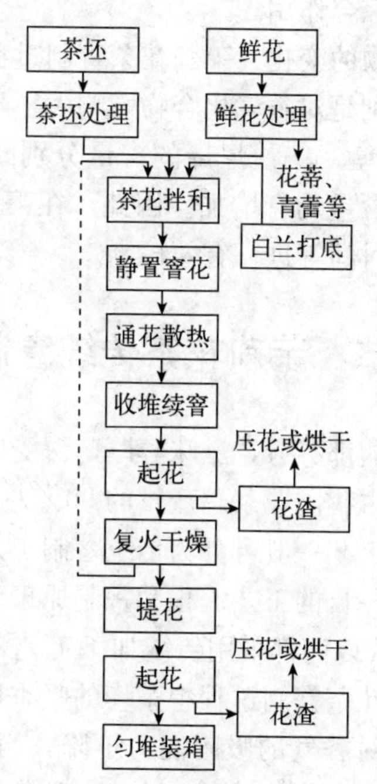

图 4-1　茉莉花茶传统窨制工艺流程

二、工艺操作要点

（一）茶坯处理

茶坯处理主要是茶坯的复火干燥和摊凉，实现对起窨茶坯水分和温度的控制。复火时，烘干机进口风温一般为 120～130 ℃，摊叶厚 2 cm，历时 10 min 左右，既可达到工艺所要求的水分含量，而且茶坯品质也不受影响。复火后，茶坯含水量控制在 3.5%～5.0%，高档茶坯窨次多，茶坯含水量要求较低，为 3.5%～4.0%；中档茶坯窨次较少，茶坯含水量 4.0%～4.5%；只窨 1 次的低档茶坯，含水量控制在 4.5%～5%为宜。

复火后的茶坯温度高达 80～90 ℃，必须进行摊凉散热，降低坯温。传统工艺要求茶坯的温度高于室温 1～3 ℃时起窨。因此，摊凉后的茶坯温度降到比室温高 1～3 ℃且较稳定时便可付窨。如果不能及时付窨，可以先装袋，即茶坯温度降到比室温高 2～4 ℃时及时装袋，袋口敞开，控制茶坯温度达到付窨要求。

摊凉时，现多在专门的摊凉设备（长距离输送带）上进行快速冷却，也可以自然冷却。

复火温度与摊凉程度的掌握，对成品茶质量有直接的影响。复火温度过高，可能产生较强的烘炒香，甚至焦煳味。如果茶坯烘炒香过强，窨制过程中花香难以掩盖，则可能透素，即成品茶能够使人感觉到强烈的茶香，而非纯粹的茉莉花香。

（二）鲜花处理

窨制茉莉花茶的鲜花主要是茉莉花，还要用少量的白兰花打底。

茉莉花一般是午后采收的花蕾，但茉莉花香气的释放是在花蕾开放后才开始的，因此，需要通过适当的处理使花蕾成熟、开放，并释放香气化合物。处理措施包括堆花、摊花、筛花等，应尽可能促进花蕾均匀适时开放，保护鲜花品质，并去除青蕾及杂质。

堆花的目的是利用鲜花呼吸作用产生的热量使堆温升高，以增强鲜花内部酶的活性，促进鲜花过渡到生理成熟阶段，匀齐开放。当鲜花温度降至比室温高 2～3 ℃时应收堆，花堆高度一般为 40～60 cm，温度一般控制在 38～42 ℃。第一次堆花的主要目的是促进鲜花早开，花温控制可适当高些，一般在 42～45 ℃；然后摊花散热，花温下降至接近室温时再行堆花；经约 30 min 的堆积，花温又逐渐上升至 38～42 ℃时，再次摊花散热。堆花、摊花反复进行 3～5 次，鲜花大都可以开放。

堆花与摊花过程主要是控制花的温度，如果温度不能及时降低或升高，应采取相应措施。如摊花时，可以打开摊花车间门窗，也可使用排风扇加速室内空气流通；而在春花前期或秋花后期，环境温度较低，为了保持花温，可把门窗关闭，适当增厚花堆，并在花堆上覆盖布袋，使花堆内温度升高，促进鲜花开放。

在堆花、摊花操作过程中，要尽量避免花蕾受到机械损伤，以使鲜花正常开放。

筛花的目的是对大小不匀、开放不齐的鲜花进行分级与除杂。当花蕾开放率达70%左右，开放度为50°～60°，即花蕾开放呈“虎爪状”时，便可筛花。筛花多用大型平圆机，配置4面筛孔直径分别为12、10、8、6 mm的筛网，分出净花、青蕾及脱落的花萼与花柄。净花按大小分为1～3号，分别称为大号花、中号花和小号花。

当净花开放率达到约90%时即可付窨，此时鲜花的开放度一般为85°以上。茶花拌和前还要将净花再薄摊一次，使花温不高于茶坯温度，才可收花付窨。

（三）白兰打底

在茉莉花茶窨花拌和前或窨制过程中加入一定量白兰花的过程，称为“白兰打底”，目的是提高茉莉花茶的香气浓度，改善香型。用白兰花打底是茉莉花茶窨制过程中的特有工序。

打底的方法有多种，不同企业采用的打底方法不同。①在窨制茉莉花前，先以少量的白兰花窨花，使茶坯吸附白兰花的香气，具有香气“底子”。②在茉莉花窨制过程中，加入少量的白兰花，与茉莉花一起窨制，茶坯在吸收茉莉花香的同时也吸收了白兰花的香气，可以增加花茶的香气浓度。③加工“兰母”茶，即用少量待加工花茶的茶坯与较多的白兰花拼和窨制，制成白兰花香浓烈的茶坯（兰母），在以后茉莉花茶窨制时，按比例加入已制好的“兰母”，以提高茉莉花茶的香气浓度。但用这种方法加工的茉莉花茶对成品茶香型影响较大，加工出来的茉莉花茶品质较前两种打底方法要差。因此，这种打底方法常用于低档茉莉花茶的窨制。

打底时，白兰花的用量要适当。若白兰花用多了，则成品茶会透露出白兰花香，茉莉花茶的茉莉香气欠纯正，用评茶术语称为“透兰”，喜爱茉莉花茶的消费者通常无法接受这种香型；若白兰花用少了，对茉莉花茶成品香气浓度没有提高，达不到打底的要求。

（四）茶花拌和

将待窨茶坯与经过处理的茉莉净花按规定的配花量拌和均匀，

然后堆积成符合技术要求的窨堆，或置于窨箱中静置，称为茶花拌和。

1. 配花量　配花量是指单位茶坯各窨次所用鲜花的量。20 世纪 70—80 年代，为使各地茉莉花茶品质基本一致，窨制各级茉莉花茶的总配花量及各窨次的用花量均设有统一标准。随着茶叶市场的开放，目前没有全国统一的配花量要求，但四川、福建等省制定了地方标准，提出了各级茉莉花茶配花量要求。表 4-6 是现行国家标准中对各级茉莉花茶窨次配花量的要求。

表 4-6　各级茉莉花茶窨次配花量（参考 GB/T 34779—2017）

单位：kg

级别	窨次	茉莉花用量（每 100 kg 茶坯所配净花量）							
		合计	一窨	二窨	三窨	四窨	五窨	六窨	提花
大白毫	六窨一提	270	65	50	45	40	34	30	6
毛尖	六窨一提	240	60	45	38	32	30	29	6
毛峰	六窨一提	220	50	40	36	30	30	28	6
银毫	六窨一提	200	45	40	30	30	25	24	6
春毫	五窨一提	150	40	32	28	24	20		6
香毫	四窨一提	130	40	32	28	24			6
特级	四窨一提	120	38	30	26	20			6
一级	三窨一提	100	38	30	26				6
二级	二窨一提	70	36	26					8
三级	一压一窨一提	50	42						8
四级	一压一窨一提	40	32						8
五级	一压一窨一提	30	22						8
六级	一压半窨一提	20	12						8
碎茶	二窨一提	65	34	25					6
片茶	一压一窨一提	30	22						8

随着茉莉花茶市场消费的变化，茉莉花茶品种也更加丰富，各企业开发的茉莉花茶品种增多，很多品种采用细嫩茶坯加工茉莉花茶，其原料选购精细、配花量大，品质优异。表 4-7 是四川龙都

农业科技有限公司生产高档茉莉花茶的配花量。

表 4-7 高档茉莉花茶配花量

单位：kg

品名	窨次	各窨次配花量（每 100 kg 茶坯所配净花量）						合计
		一窨	二窨	三窨	四窨	五窨	提花	
龙都飘雪（静雅）	五窨	50	35	40	30	40	10	205
花毛峰	四窨	40	30	35	25		10	140
龙都香茗（特级）	四窨	38	30	30	28		10	136
龙都香茗（一级）	四窨	35	28	30	28		10	131

由于不同产地和不同季节的鲜花质量、窨制技术及产品品质要求各不相同，各级茉莉花茶用花总量及各窨次配花量在不同生产企业间有差异，但配花的原则是一致的。一般高级茶坯配花量多，所用鲜花质量好；中低级茶坯配花量较少，所用鲜花质量稍次。中高级茶多窨次，头窨配花量较多，以后各窨次配花量逐次减少。茉莉鲜花的质量受季节和气候的影响很大，因此，配花量也应随季节和鲜花质量进行适当调节。春花和秋花末期，气温低，鲜花质量较差，配花量要比伏花多5%～10%。

2. 窨制方式及茶花拌和方法 目前茉莉花茶窨制主要采用堆窨，如果量少也可以采用箱窨。

(1) 堆窨 茶花拌和后，堆成的长方形堆或圆形堆称为窨堆，窨堆静置窨花即为堆窨。将1/5～1/3的待窨茶坯摊于洁净的板面上做底层，再一层茶、一层花逐层铺好，相间2～4层，下花后用齿耙将茶堆自上而下逐渐耙开并翻拌，使茶花拌和均匀，做成长方形堆，最后用茶叶盖面，以防鲜花香气损失。窨堆厚度根据窨次和气温的不同灵活掌握，一般以25～35 cm为宜。头窨或室温低时，窨堆宜高，反之，则宜低。堆窨适用于中低档花茶窨制。

(2) 箱窨 少量高档花茶采用箱窨的窨制方式，即茶花拌和后，装入茶箱内静置窨花，高度以20～25 cm为宜，一般不超过30 cm。

茶花拌和的方法目前主要还是手工操作，也有少数企业采用流动式茶花拌和机等机械操作。

（五）静置窨花

静置窨花指茶花拌和后的静置过程。在静置窨花过程中，茶坯吸附茉莉花释放出的挥发性香气化合物。

除堆窨、箱窨外，还有企业使用窨花机实现静置窨花，窨花机主要有行车式窨花机、百叶板式窨花机、多功能立体窨花机等，可将茶花拌和均匀的混合物输送到窨花机中，进行静置窨花。

（六）通花散热

通花散热是指窨花过程中，当窨堆温度达到设定水平时，将窨堆耙开，通气散热，使窨堆温度降低。

静置窨花过程中，由于茉莉花的呼吸作用会不断释放二氧化碳和热量，因此，窨堆温度逐渐上升，其上升的速度与幅度受配花量、气温、窨前茶坯温度、窨堆厚度及通气状况和在窨历时等多种因素的影响。堆温升高，在一定范围内有利于茉莉香气释放和茶坯对香气化合物的吸附。但堆温过高，会损害鲜花生机，甚至使茉莉花萎蔫黄熟，产生异味，导致花茶品质劣变。同时，如果窨堆过厚或通气不良，鲜花正常的呼吸作用受阻，会部分转为无氧呼吸而产生不良气味，影响花茶品质。因此，当堆温达到一定水平时，需要进行通花散热。

一般而言，茶花拌和后静置窨花 4～5 h，堆温会上升至 45～48 ℃，鲜花开始出现萎蔫，此时需要通花散热。通花坯温，头窨宜稍高，但不得超过 50 ℃；二、三窨次一般为 42～46 ℃；收堆温度，头窨为 35～37 ℃，二、三窨次为 31～35 ℃。一般茉莉花茶窨制通花历时及温度的控制见表 4-8。

表 4-8　茉莉花茶窨制通花时间及温度

窨次	从静止窨花到通花历时（h）	通花坯温（℃）
头窨	5.0～5.5	48～50
二窨	4.5～5.0	44～46
三窨	4.0～4.5	42～44
四窨	4.0～4.5	40～42

通花散热方法是用齿耙把窨堆先纵向耙开呈条沟状，再横向耙开薄摊，厚约 10 cm，每隔 15 min 翻拌 1 次。通花散热要求通得透、散得快，使坯温迅速下降。当坯温降至 37 ℃（比室温高 1～3 ℃）时，即可收堆续窨。

如是机械窨花，则采用机械通花，即达到通花温度时，使在窨品翻动、降温，反复 1～2 次后，再回到窨花层或窨花箱内进行续窨。

（七）收堆续窨

收堆续窨是指通花散热后，堆温下降到设定温度时，收堆后继续静置窨花。通花散热后，坯温降低，茉莉花生机有所恢复，还能继续释放香气化合物。为充分利用鲜花香气，通花散热后须收堆续窨。通花散热后，当堆温降至高于室温 1～3 ℃时收堆，收堆续窨的窨堆高度一般比起窨窨堆高 5 cm 左右。收堆时坯温不能过低（不低于 30 ℃），也不能过高（不高于 38 ℃），否则花茶香气欠浓或浑浊、鲜灵度差。一般通花前后温差在 10～14 ℃时，花茶香气正常。

（八）起花

起花是指当窨花达到适度时，茶坯与花渣分离的过程。通花后一般续窨 5～6 h，茉莉花芳香物质已大部分挥发并被茶坯吸收。此时，鲜花花瓣呈“鸡皮皱”萎蔫状态，色泽由洁白转为微黄，鲜香消失，几乎丧失吐香能力，窨制即告完成，应及时起花，筛出花渣。否则，失去生机的鲜花与茶坯堆在一起，会使茶叶产生熟闷味。起花要求及时、快速，茶坯与花渣分离干净。起花采用起花机实现茶与花的分离，常用摩尔式起花机或抖筛机起花，筛孔用 2～4 孔筛或孔径 6～10 mm 的圆孔筛。起花时掌握“高窨次者先起，低窨次者后起；高档茶先起，低档茶后起；提花先起，顺序起花”的原则。

（九）复火干燥

起花后的湿坯要及时烘焙干燥。窨花过程中，茶坯在吸附香气化合物的同时，也从花中吸收了大量的水分，茶坯含水量从 4%～5%增加到 12%～18%，因此需要及时复火干燥，为转窨或者提花做准备。未能及时烘焙的湿坯，要薄摊散热，以防湿坯温度过高而产生水闷气，影响产品品质。

复火时，烘干机温度一般掌握在 100～120 ℃。复火温度不能太高，以免产生明显的火工香，降低花香浓度。多窨次茶的复火，茶坯含水量应掌握比本次窨花的起窨含水量增加 0.5%～1.0%，达到下个窨次或者提花要求的水分含量。

烘焙温度根据茶坯等级、窨次、窨后湿坯含水量及烘后干度要求而定，一般烘焙干燥的温度是逐窨降低，每次降低 5 ℃左右，具体见表 4-9。提花前的茶坯含水量应控制在 6.5%～7.0%。

表 4-9　各级茉莉花茶各窨次烘焙温度

单位：℃

级别	头窨	二窨	三窨	四窨
特级	115～120	110～115	100～105	90～95
一级	115～120	110～115	90～95	
二级	110～115	105～110		
三级	110～115			
四级	110～115			
五级	100～105			

（十）转窨

多窨次花茶在完成一个窨次后，再按照前述程序重复循环多次窨制，窨次的转接称为“转窨”。

（十一）压花

压花是指利用提花或高窨次，如第四窨次等起出的花渣，与低档茶坯拼和窨制，去除低档茶坯的粗老气味。

压花的方法：将茶坯与茶渣按 1∶(0.6～0.7）的比例混合均匀，堆成 50～60 cm 高的窨堆，环境温度低时，窨堆也可堆至 70 cm 高，静置窨制 4.5～5.0 h；窨制过程中，如堆温上升到 48 ℃以上，需要通花散热，堆温低于 48 ℃则可不通花；压花过程中的通花散热要快，待热气散去、温度下降后马上收堆，收堆后的堆高控制在 30～35 cm，大约 1 h 后开始起花。压花历时以 5～6 h 为宜，时间过长，易产生熟闷味，对产品品质不利。

（十二）提花

提花是在花茶窨制的最后阶段，用少量的优质茉莉花再窨一次，以增强茉莉花茶的表面香气，提高花茶香气的鲜灵度。

提花对鲜花质量的要求更高，选用晴天午后采摘、粒大饱满、花色洁白、质量好的茉莉鲜花。用于提花的茉莉花，其开放率要求达到95%以上，开放度要求达到90°以上，充分成熟。

提花拼和的操作与窨花拼和基本相同，只是配花量少，一般每100 kg茶坯的配花量为7～8 kg；中途也不通花散热。经过9～10 h的窨花，坯温上升至40～42 ℃、花色呈现黄色时，即可起花，匀堆装箱。

为保持茉莉花茶香气的鲜灵度，起花后不再进行复火干燥。因此，必须控制好提花后茶叶的含水量。提花后花茶的含水量以高档花茶不超过8%、低档花茶不超过8.5%为适度。提花用花量需要根据提花前茶坯含水量而定。其计算公式（以提花前每100 kg产品计算）：

$$\text{提花用花量(kg)}=\frac{\text{提花后产品规定含水量(\%)}-\text{提花前茶坯含水量(\%)}}{\text{鲜花在提花过程中的减重率(\%)}}\times 100$$

根据经验，茉莉花在提花过程中的减重率约为40%。

（十三）匀堆装箱

经提花后的产品即完成花茶窨制作业，达到花茶产品质量要求，因此，应及时对提花后的产品进行匀堆装箱。

第三节　茉莉花茶增湿连窨工艺

传统花茶窨制工艺理论认为，花茶窨制过程中茶坯对香气化合物的吸附主要是物理吸附，因此，特别强调对各窨次茶坯的起窨含水量的控制，起窨茶坯含水量应控制在3.5%～5.0%，以保证茶坯的吸香能力。后来发现，在印度尼西亚的茉莉花茶加工生产中，窨前需对茶坯进行洒水处理，待起窨茶坯含水量达30%时才开始窨制。从 20 世纪 80 年代后期开始，我国科研人员在开展花茶窨制工艺及技术理论研究时发现，茶坯对香气化合物的吸附除物理吸附外，还存在化学吸附。在高水分活度下，茶坯对香气化合物的吸附能力强（吸附机理见本章“第一节　茉莉花窨制原理”）。含水量为 10%～30%的茶坯均有吸附香气的能力，其中以含水量 15%～20%为最佳。经过理论研究和生产实践，我国科研人员提出了茉莉花茶增湿连窨加工新技术，即在茉莉花茶窨制时，通过增湿处理使起窨茶坯含水量控制在 10%左右，且第一次窨制后不需要复火干燥，直接进入第二个窨次窨制。

采用增湿连窨工艺窨制的茉莉花茶，香气品质好，具有能耗低、用花少、生产周期短、花工少、劳动强度低等优点。

一、应用

增湿连窨工艺适用于三级及以上的中高档茶坯的窨制。连窨过程中，茶坯因在高含水量（高水分活度）条件下的时间较长，所受湿热作用比传统窨制工艺更强，茶汤色泽会变得更深。高档名优花茶需要保持较好的汤色，故一般不采用增湿连窨技术，即使是采用连窨技术，也应采取分段连窨的技术。如“四窨一提”的名优茉莉花茶，可分 2 段连窨，中间烘焙 1 次；“六窨一提”可分 3 段连窨，中间烘焙 2 次，同样可取得较好的窨制效果。

二、工艺流程

茉莉花增湿连窨工艺流程如图 4-2 所示。

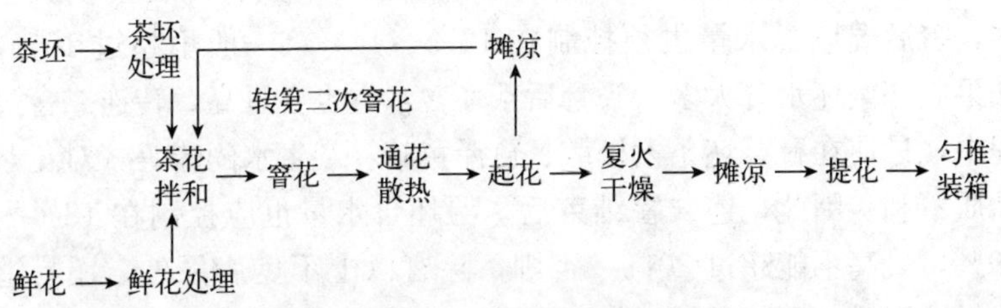

图 4-2　茉莉花增湿连窨工艺流程

三、工艺技术要点

1. 茶坯处理 增湿连窨工艺的茶坯处理主要是水分控制，起窨茶坯含水量一般控制在10%左右。如果茶坯的含水量在7.0%～10.0%，可以不经复火干燥直接付窨；如果茶坯含水量在7.0%以下，可以通过喷水或压花等措施给茶坯增湿，将起窨茶坯含水量调整到10%左右。

2. 配花量控制 如起窨茶坯含水量在15%～30%，窨制10 h后，茉莉花的含水量变化很小，有利于维护茉莉鲜花生机，促进茉莉花中香气化合物的形成与释放，提高鲜花使用效率。因此，采用增湿连窨工艺可以比传统工艺减少配花量20%以上。典型级内茶坯增湿连窨工艺各窨次的配花量见表4-10。

表4-10 各级型茶坯增湿连窨工艺的配花量

单位：kg

级别	工艺	压花花渣量	头窨配花量	连二窨配花量	提花配花量	合计
特级	压花连二窨一提	60	27	38	6	71
一级	压花连二窨一提	60	22	35	6	63
二级	压花连二窨一提	60	20	25	6	51
三级	压花连窨一提	60	28		6	34

注：以每100 kg茶坯所配窨花量计。

茶坯先进行压花，主要是调节茶坯水分。头窨配花量不宜过多，窨后湿坯含水量也须控制在12%～14%，一般不超过15%。如果起窨茶坯水分太多，头窨后茶坯含水量也会过高，转连二窨过程中，易使在窨茶坯条索松散、色泽黄暗、产生水闷味等，对花茶品质不利。因此，连二窨结束后，湿坯含水量也应控制在18%～19%，最高不能超过20%。否则，除有以上不良后果外，还易造成烘焙困难、香气损耗增加。

3. 窨堆厚度及通花温度控制　连窨的窨堆厚度以 25 cm 为宜，一般不超过 30 cm。茶叶的比热容一般在 1.7～3.5 kJ/(kg・K)，其随着含水量的增加而增大。起窨茶坯含水量较高时，茶坯的比热容大，茉莉花呼吸作用释放的热量使堆温增加相对较慢。当堆温达 42 ℃时，应及时通花散热，以确保鲜花生机，避免对花茶品质产生不良影响。

4. 湿坯摊凉　连窨时，从头窨起花结束至连二窨开始，间隔时间达 10 h 以上，此时茶坯的含水量较高，如果坯温再高，湿热作用导致茶坯内含物质转化加速，在一定程度上会影响花茶外形和内质。因此，必须对湿坯进行摊凉。摊凉时，要求环境整洁、卫生、阴凉而不潮湿，摊放厚度在 15 cm 以下，并在中途适当翻动，避免堆温升高。

5. 复火干燥　连窨结束时，湿坯含水量高达 19%左右，必须迅速干燥。烘焙时掌握“高温、薄摊、短时”的原则，可以有效减少香气损失。一般烘干机进风口温度控制在 110～120 ℃，摊叶厚度也应较传统工艺薄。茶坯烘干至含水量 7.2%左右，以利于提花。

6. 提花　采用连窨技术窨制的花茶仍需提花，以提高花茶香气的鲜灵度。连窨复火干燥后，茶坯的含水量在 7.2%左右，较传统工艺略高，因此提花的配花量和历时要严格控制。

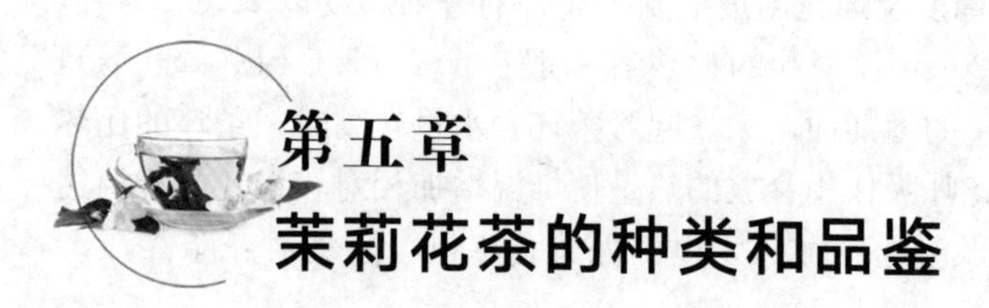

第五章 茉莉花茶的种类和品鉴

第一节　花茶的种类和品质特征

“茶引花香、花增茶味”是茉莉花茶的品质特征。茉莉花茶外形匀整洁净，条索紧细，色泽黑褐油润；汤色清澈黄亮，香气纯正鲜灵、浓郁持久，滋味醇和甘爽，叶底肥嫩柔软。茉莉花茶的品质特征主要体现在香气方面，因窨制所采用茶坯原料不同，可分为烘青茉莉花茶和炒青（含半烘炒）茉莉花茶。其中烘青茉莉花茶中的特种烘青又分造型茶、茉莉大白毫、茉莉毛尖、茉莉毛峰、茉莉银毫、茉莉春毫、茉莉香毫等种类；除了特种烘青茉莉花茶以外，普通的烘青茉莉花茶又分为特级、一级、二级、三级、四级、五级等六个级别。同样的，除了特种炒青茉莉花茶外，普通的炒青（含半烘炒）茉莉花茶又分为特级、一级、二级、三级、四级、五级等六个级别。

一、烘青茉莉花茶

烘青茉莉花茶是茉莉花茶中的主要产品，根据国家标准《茉莉花茶》（GB/T 22292—2017），烘青茉莉花茶分为特级、一级至五级。高档烘青茉莉花茶外形条索紧结有锋苗，匀整，色泽绿黄油润；内质香气浓郁芬芳、鲜灵持久，汤色绿黄明亮，滋味醇厚。茉莉烘青感官品质特征可见表5-1。

表 5-1　茉莉烘青感官品质特征（参考 GB/T 22292—2017）

级别	外形				内质			
	条索	整碎	净度	色泽	香气	滋味	汤色	叶底
特级	细紧或肥壮、有锋苗有毫	匀整	净	绿黄润	鲜浓持久	浓醇爽	黄亮	嫩软匀齐黄绿明亮
一级	紧结有锋苗	匀整	尚净	绿黄尚润	鲜浓	浓醇	黄明	嫩匀黄绿明亮
二级	尚紧结	尚匀整	稍有嫩茎	绿黄	尚鲜浓	尚浓醇	黄尚亮	嫩尚匀，黄绿亮
三级	尚紧	尚匀整	有嫩茎	尚绿黄	尚浓	醇和	黄尚明	尚嫩匀黄绿
四级	稍松	尚匀	有茎梗	黄稍暗	香薄	尚醇和	黄欠亮	稍有摊张绿黄
五级	稍粗松	尚匀	有梗朴	黄稍枯	香弱	稍粗	黄较暗	稍粗大黄稍暗

二、炒青茉莉花茶（含半烘炒）

根据国家标准《茉莉花茶》（GB/T 22292—2017），炒青茉莉花茶分特种、特级、一级至五级。高档炒青茉莉花茶外形条索紧结显锋苗，平伏匀整，色泽绿黄油润；内质香气鲜灵、浓郁持久（要求茉莉花香盖过茶香，不能闻出茶香），汤色绿黄明亮，滋味浓醇。茉莉炒青感官品质特征可见表 5-2。

表 5-2　茉莉炒青感官品质特征（参考 GB/T 22292—2017）

级别	外形				内质			
	条索	整碎	净度	色泽	香气	滋味	汤色	叶底
特种	扁平、卷曲、圆珠或其他特殊造型	匀整	净	黄绿或黄褐润	鲜灵浓郁持久	鲜浓醇爽	浅黄或黄明亮	细嫩或肥嫩匀黄绿明亮

（续）

级别	外形				内质			
	条索	整碎	净度	色泽	香气	滋味	汤色	叶底
特级	紧结显锋	匀整	洁净	绿黄润	鲜浓纯	浓醇	黄亮	嫩匀黄绿明亮
一级	紧结	匀整	净	绿黄尚润	浓尚鲜	浓尚醇	黄明	尚嫩匀黄绿尚亮
二级	紧实	匀整	稍有嫩茎	绿黄	浓	尚浓醇	黄尚亮	尚匀黄绿
三级	尚紧实	尚匀整	有筋梗	尚绿黄	尚浓	尚浓	黄尚明	欠匀绿黄
四级	粗实	尚匀整	带梗朴	黄稍暗	香弱	平和	黄欠亮	稍有摊张黄
五级	稍粗松	尚匀	多梗朴	黄稍枯	香浮	稍粗	黄较暗	稍粗黄稍暗

三、特种茉莉花茶

特种茉莉花茶指加工特别精细，采用的原料明显高于特级茶坯，经过五窨一提至七窨一提窨制而成的茉莉花茶。畅销京津市场的造型茶、大白毫、毛尖、毛峰、银毫、春毫、香毫等就属这类产品。特种茉莉花茶的内质具有香气鲜灵浓郁、滋味鲜醇或浓醇鲜爽、汤色嫩黄或黄亮明净的特点。特种茉莉花茶感官品质特征可见表 5 - 3。

表 5 - 3　特种茉莉花茶感官品质特征（参考 GB/T 22292—2017）

类别	外形				内质			
	条索	整碎	净度	色泽	香气	滋味	汤色	叶底
造型茶	针形、兰花形或其他特殊造型	匀整	洁净	黄褐润	鲜灵浓郁持久	鲜浓醇厚	嫩黄清澈明亮	嫩黄绿明亮
大白毫	肥壮紧直重实满披白毫	匀整	洁净	黄褐银润	鲜灵浓郁持久幽长	鲜爽醇厚甘滑	浅黄或杏黄鲜艳明亮	肥嫩多芽嫩黄绿匀亮
毛尖	毫芽细秀紧结平伏白毫显露	匀整	洁净	黄褐油润	鲜灵浓郁持久清幽	鲜爽甘醇	浅黄或杏黄清澈明亮	细嫩显芽嫩黄绿匀亮
毛峰	紧结肥壮锋毫显露	匀整	洁净	黄褐润	鲜灵浓郁高长	鲜爽浓醇	浅黄或杏黄清澈明亮	肥嫩显芽嫩绿匀亮

（续）

类别	外形				内质			
	条索	整碎	净度	色泽	香气	滋味	汤色	叶底
银毫	紧结肥壮平伏毫芽显露	匀整	洁净	黄褐油润	鲜灵浓郁	鲜爽醇厚	浅黄或黄、清澈明亮	肥嫩黄绿匀亮
春毫	紧结细嫩平伏毫芽较显	匀整	洁净	黄褐润	鲜灵浓纯	鲜爽浓纯	黄明亮	嫩匀黄绿匀亮
香毫	紧结显毫	匀整	净	黄润	鲜灵纯正	鲜浓醇	黄明亮	嫩匀黄绿明亮

四、茉莉花茶碎茶和片茶

此类产品外观形状较小，有颗粒状、片状、末状，大多作为袋泡茶原料；有的拼入深加工原料，制作成花茶水等。颗粒状为碎茶，也可分碎茶1号、碎茶2号；片状茶也分片茶1号（称大片）与片茶2号（称小片）；末状茶为最差一等的原料。茉莉花茶碎茶和片茶感官品质特征可见表5-4。

表5-4　茉莉花茶碎茶和片茶的感官品质特征

类别	品质特征
碎茶	通过紧门筛（筛网孔径0.8～1.6 mm）洁净重实的颗粒茶，有花香，滋味尚醇
片茶	通过紧门筛（筛网孔径0.8～1.6 mm）轻质片状茶，有花香，滋味尚纯

五、茉莉花速溶茶与茶水

此类产品以茉莉花茶为原料，通过深加工而成，其品质取决于付制原料的等级和加工技术。速溶茶加工技术有喷雾干燥和冷冻干燥之分，茶水有无糖和加蜜之分，具有品饮方便快捷的特点。

六、主要名优产品

1. 外事礼茶茉莉花茶　专供外事方面使用的茉莉花茶。产于福州茶厂，20 世纪 50 年代研制。制造工艺精细，茶坯选料严格，优花窨提。外形条索紧直匀整，有白毫，色泽油润；内质香气鲜灵浓郁，味醇厚。主销北京、天津、张家口、石家庄一带。

2. 明前绿茉莉花茶　产于福州的中档茉莉花茶，20 世纪 50 年代研制。外形条索紧结、匀整平伏，色泽油润；内质香气鲜灵浓厚，汤色清澈，口味醇厚隽永，叶底嫩亮。主销北京、天津、上海和东北等地。

3. 闽毫茉莉花茶　产于福州的特种茉莉花茶，1973 年研制。选用优质茶坯和伏花精制而成。外形毫芽肥硕、紧直匀称；内质香气清鲜浓郁，滋味鲜醇爽口。主供北京、天津、上海等地。

4. 苏萌毫　产于江苏苏州茶厂的特种高级茉莉花茶，20 世纪 70 年代研制。选用高档毛峰烘青为茶坯，配以苏州市郊虎丘的优质茉莉鲜花窨制，经鲜花摊放拼和、窨花、通花、收堆、起花、烘干、提花等工序制成。不分级。外形条索紧秀、平直细嫩，白毫隐露，绿润嫩黄；内质香气鲜爽浓纯，滋味鲜醇，汤色淡黄清明，叶底细嫩，茶味花香协调。主销北京、天津以及东北地区各大城市。

5. 雀舌茉莉花茶　产于福州的高档茉莉花茶，20 世纪 50 年代研制。经三窨一提而成。外形条索紧细匀嫩，形似雀舌，锋毫显露，色泽蜜黄；内质香气鲜灵，滋味浓醇，汤色黄亮清澈。主销北京、天津、上海等地。

6. 茉莉银毫　经六窨一提制成。产品外形肥壮匀嫩，毫芽显露，披银白色茸毛，故称“银毫”；内质香气浓郁芬芳、鲜灵持久，滋味醇厚爽口，回味清甜，茶味花香融为一体，汤色鲜明微黄，叶底肥匀嫩亮。耐泡 3 次以上，为出口茉莉花茶珍品。

7. 茉莉春风　经五窨一提制成。产品外形紧秀匀齐，细嫩多毫；内质香气浓郁鲜爽，滋味醇和甘美，汤色黄亮清澈，叶底匀齐嫩亮。耐泡 3 次以上，为出口茉莉花茶珍品。

8. 龙团珠茉莉花茶　产于福州的中档茉莉花茶，因形似圆珠而得名。经二窨一提而成。外形圆紧重实，匀整；内质香气鲜浓，滋味醇厚，汤色黄亮，叶底肥厚。耐泡，主销天津、北京等地。

9. 大白毫茉莉花茶　产于福州的特种茉莉花茶，1973 年研制。选用高山芽叶肥壮多毫的大白茶等品种茶树的首春毫芽制成茶坯，配以茉莉伏花，经七窨一提制成。毫芽外形重实匀称，色泽略带淡黄，满披茸毛；内质香气浓郁鲜灵，滋味鲜浓醇厚，汤色微黄泛绿。冲泡 4～5 次仍有余香，主销北京、天津。

10. 猴王牌花茶　产于长沙花茶厂。外形条索紧细，色泽绿润，匀整平伏；内质香气鲜灵，汤色黄亮，滋味浓醇甘爽，叶底柔软嫩匀。冲泡 3 次后仍可留香，产品销往华北、东北和西北等地，并陆续拓展到国外市场。

11. 雄狮牌花茶　产于湖南省农垦茶厂。外形条索紧结匀称，色泽绿润；内质香气鲜灵浓郁，汤色黄绿明亮，滋味浓醇甘爽，叶底匀明。饮后舌齿留香，余味幽长，主要销往东北、华北、西北地区。

12. 茉莉凌云白毫　产于广西桂林。20 世纪 70 年代初研制。是以凌云白毫茶为原料窨制的茉莉花茶，经多次窨制加工而成。分特级、一级、二级、三级。外形白毫显露，壮实多锋苗；内质花香鲜灵、浓郁持久，滋味浓厚鲜爽。主销国内各城市，少量外销日本。

13. 横县茉莉花茶　产于广西横州。外形条索紧细，匀整，显毫；内质香气浓郁、鲜灵持久，滋味浓醇，叶底嫩匀。上市早，耐冲泡。

14. 文君花茶　产于四川邛崃市西部山区，创制于 1979 年。产品外形条索紧细匀整，显锋苗，色泽绿润，细嫩带毫；内质香气鲜浓；滋味爽口回甘，叶底绿黄匀亮。属于特种茉莉花茶中的珍品，产品销往国内各大城市。

15. 龙都香茗茶　产于四川自贡。广义上包括 3 个品类：高级龙都毛峰、龙都颗颗香、龙都香茗；狭义上仅指龙都香茗。产品外形美观光润；内质香气鲜浓持久，汤色淡黄明亮，滋味鲜醇回甘，叶底嫩匀柔软。主销成都、重庆、自贡、内江及北方大中城市。

16. 西农香茗 西南农业大学实验茶厂研制的茉莉花茶。以福鼎大白茶制成的烘青为茶坯，经茉莉花窨制而成。花香协调、鲜浓，滋味醇和甘爽，汤色黄绿明亮。主销重庆、北京、海口、抚顺、西安、成都等地。

17. 香似梅 产于四川成都，20世纪90年代的四川名茶。外形条索紧细，匀直显毫；内质香气鲜灵持久，滋味鲜醇爽口。

18. 花茶型沱茶 产于云南下关等地，包含晒青茉莉花沱茶和烘青茉莉花沱茶等。产品外形碗口端正，紧结光滑，白毫显露，色泽绿润或青绿润；内质香气鲜浓，滋味浓醇爽口，汤色黄绿明亮或绿黄明亮，叶底嫩匀明亮。

19. 台湾窨香片 我国台湾省台北及彰化等地生产的轻发酵型乌龙花茶。以轻发酵型的台湾包种茶为原料，拌和茉莉花等窨制而成。一窨者称单窨香片，二窨者称双窨香片，三窨者称三窨香片。产品柔和醇厚。主销我国台湾和香港、澳门。

第二节 茉莉花茶的营养与保健功效

茉莉花茶之所以受到各消费群体的喜爱，是因为其既有芬芳浓郁的茉莉花香，又有醇厚甘爽的绿茶味；既有茉莉花的生理功效，又有绿茶的保健功能。茉莉花茶中的茶氨酸，咖啡因，γ-氨基丁酸，微量元素（锌、锰、硒等），多酚类（儿茶素类及其氧化物、黄酮类、酚酸类），茶多糖类及维生素类（维生素C、维生素E和β-胡萝卜素）等物质是其保健功效的重要活性成分。此外，芳香物质也存在于茉莉花茶中，能助消化、治胃脘胀痛，还能镇定、调理神经系统。茉莉花茶芳香物质以酯类、醇类和碳氢化合物为主，其中芳樟醇、吲哚、苯甲醇和水杨酸甲酯等是茉莉花茶主要的香气成分。据报道，茉莉花茶也具有多种保健功效。

一、降血糖和防治糖尿病

高血糖是指空腹血糖值高于 6.1 mmol/L 或餐后 2 h 血糖值高于 7.8 mmol/L 的状态，机体持续的高血糖状态会导致糖尿病产生，世界卫生组织已将糖尿病列为世界三大疑难病之一。糖尿病是一种慢性代谢疾病，致病机制为遗传免疫或者环境因素导致胰岛 β 细胞受损、胰岛素分泌异常或（和）细胞产生胰岛素抵抗，最终使体内血糖值升高并造成机体糖脂和蛋白质代谢失调，形成无法逆转的损伤。世界卫生组织于 1999 年将糖尿病分为Ⅰ型糖尿病、Ⅱ型糖尿病、其他特殊糖尿病、妊娠糖尿病等 4 种类型。

茶叶中含有茶多酚、茶氨酸和茶多糖等多种具有降血糖、抗氧化应激作用的活性成分。日本学者通过为期 5 年的流行病学研究发现，每人每天饮用 6 杯绿茶可使Ⅱ型糖尿病发病率降低 66.7%。茉莉花是一种天然高级香料植物，对人体具有多种保健功效。许多学者对茉莉花降血糖作用进行研究，结果表明，茉莉花渣多糖具有缓解糖尿病小鼠“三多一少”症状的作用，茉莉花渣多糖能显著降低以四氧嘧啶造模的糖尿病大鼠的血糖值，高剂量茉莉花渣多糖的降糖效果接近于临床常用的口服降糖药。龚受基发现，茉莉花水提物（含有多糖类、多酚类）可改善机体胰岛素抵抗，提高高密度脂蛋白含量和降低低密度脂蛋白含量，降低大鼠空腹血糖值和胰岛素浓度，提高胰岛素敏感指数，降低葡萄糖耐量。黄建锋等研究表明，茉莉花茶对空腹正常大鼠有一定的降血糖作用；长期灌胃茉莉花茶茶汤的大鼠血糖浓度低于对照组；对空腹正常大鼠每千克体质量灌胃 600 mg 茉莉花茶茶汤，可提高其耐糖量；茉莉花茶对控制高血糖造模大鼠的血糖浓度具有明显的效果。唐静怡研究表明，茉莉花茶对糖尿病小鼠具有抗氧化应激、保护肝脏和肾脏的功能，能通过改善胰岛素抵抗、促进胰岛素分泌和减弱总抗氧化能力等方式调节糖脂代谢，降低糖尿病小鼠的空腹血糖值和空腹胰岛素含量。

可见，茉莉花茶中的非挥发性成分可能是通过提高机体免疫力、平衡糖脂代谢、调节胰岛素抵抗等方面来发挥其防治糖尿病的作用，在今后保健食品的开发应用方面，茉莉花茶应具有良好的发展前景。

二、降血脂和防治高脂血症

高脂血症是临床常见病和多发病，表现为胆固醇、甘油三酯与低密度脂蛋白胆固醇水平过高，高密度脂蛋白胆固醇水平过低，即血脂代谢紊乱；其是引发和加重动脉粥样硬化、冠心病、高血压和心肌梗死等心脑血管疾病的主要危险因素之一。

林培国等人最早开展茉莉花茶的降血脂作用研究，实验发现，用茉莉花茶茶汤饲喂大鼠，大鼠的空腹血糖值明显降低；不同茉莉花茶均能显著降低大鼠血清中甘油三酯和总胆固醇的含量。有研究表明，茉莉花茶可减少机体对食物中胆固醇和脂肪的吸收。丛涛等进一步对 3 种不同的茉莉花茶及茉莉干花对生长期大鼠营养生理功能的影响进行了研究，发现茉莉花茶能够在大鼠正常生理条件下促进体内消脂素的分泌，并能增加红细胞数量以及血红蛋白含量，对预防高脂血症、脂肪肝以及红细胞减少型贫血具有积极意义。Chen 等发现，绿茶水提取物溶液和茉莉花茶中分离出的绿茶表儿茶素（GTE）溶液，两者具有相似的降血脂活性，都能显著降低胆固醇和甘油三酯的含量，表明 GTE 是茉莉花茶主要的活性成分，或在一定程度上有助于茉莉花茶形成降血脂活性。Chen 等进一步研究表明，绿茶表儿茶素溶液还能降低患心血管疾病的风险。茉莉花茶的降血脂活性不是因为抑制胆固醇或脂肪酸的合成，而是最有可能通过抑制机体吸收食物中的脂肪和胆固醇来介导实现的。

三、抗氧化和抗衰老

茉莉花茶延缓衰老、抗氧化作用也是其保健功效的重要组成部分。过多的活性氧自由基会对机体造成损害，导致多种疾病的产生，如肿瘤、心血管疾病、阿尔茨海默病、糖尿病等。茶叶的抗氧化能力是多种物质协同作用的结果，主要活性成分是多酚类化合物、生物碱和游离氨基酸。其中，多酚类化合物主要包括儿茶素类、黄酮及糖苷类。茉莉花非挥发性成分对 DPPH 自由基、羟自由基（·OH）、超氧阴离子自由基等均具有清除作用，对氧化酶的活性和脂质过氧化反应有一定抑制作用，对 DNA 损伤也有一定的保护作用。

茶多酚是赋予茉莉花茶抗氧化作用的主要成分，其延缓衰老机制为：通过抑制氧化酶系活性、激活抗氧化酶系活性，以及清除无机自由基、脂类自由基、抗坏血酸、谷胱甘肽，再生体内 α-生育酚等抗氧化剂体系等，起到抗氧化作用；同时，茉莉花茶中的儿茶素结构中有供氢体的活性，一旦发生氧化反应便会生成邻醌类物质来清除氧和脂类自由基进而延缓衰老。邓砚等研究表明，茉莉花茶可显著提高老龄小鼠心脑中超氧化物歧化酶和过氧化物酶的活性；茉莉花提取液对老龄小鼠机体能起到显著的抗氧化作用，具有明显的抗衰老作用。丛涛等研究表明，茉莉花茶能够有效提升血清和肝脏中的抗氧化酶活性，从而增强机体的抗氧化性能。汪永丽等研究表明，茉莉花茶、碧螺春提取液能抑制鲁米诺—次氯酸钠体系的化学发光反应，具有一定的抗氧化性能。

果蝇寿命试验表明，浓度为 1%的茉莉花茶组中果蝇的最高寿命以及平均寿命较对照组能分别延长 1 倍与 1.5 倍。林一萍等从生物体内发现，茉莉花茶表现出了抗脂质和过氧化作用，并且可以让生物体的寿命延长。小鼠高脂模型干预试验表明，小鼠饮用茉莉花茶茶汤后其肝脏中丙二醛含量较对照组下降明显。表儿茶素没食子酸酯、儿茶素没食子酸酯、表没食子儿茶素没食子酸酯和表儿茶素是茉莉花茶中的抗氧化和延缓机体衰老的主要活性物质。同时 Zhang A 等研究表明，茉莉花茶能够保护红细胞膜不被自由基诱导氧化，茉莉花茶中的儿茶素在人类低密度脂蛋白 Cu^{2+} 介导氧化中表现出很强的抗氧化活性。

综上，茉莉花茶具有抗氧化抗衰老作用。

四、增强免疫力

茉莉花茶能帮助低免疫力人群提高机体免疫力，现代医学也对茉莉花茶保健作用进行了多方面研究。福建中医药研究所免疫组以及生化组从茉莉花茶对动物机体的免疫功能方面进行研究，发现茉莉花茶可以增加血液中的白细胞、淋巴细胞和T-淋巴细胞数量。

茉莉花茶具有增强免疫力的作用。动物试验表明，茉莉花茶主要通过增加小鼠免疫器官的重量、外周血T-淋巴细胞数量，以及提升淋巴细胞对刀豆蛋白A（Con A）刺激反应强度来提升小鼠免疫力；2%的茉莉花茶能够显著地增强或者改善正常以及血虚小鼠细胞免疫系统。对茉莉花茶进行提取分析，发现茉莉花茶浸出液、茉莉花脱脑油在机体免疫方面都有着一定的促进效应，茶多酚、儿茶素、茶氨酸、茶多糖、茶色素是茉莉花茶提高机体免疫力的活性物质。进一步研究表明，茉莉花茶之所以能够起到增强机体免疫力的作用，主要有以下几点原因：表没食子儿茶素没食子酸酯主要通过提高血液中的白细胞、淋巴细胞和T-淋巴细胞的数量来提高免疫能力；茉莉花浸出液中的儿茶素因让脾淋巴细胞转化率加快进而增强免疫力，同时它也可使血清中分子物质（MMS）含量降低，小鼠脾淋巴细胞IL-2、IL-3活性增强进而改善免疫功能；茉莉花水提物茶多糖在调整肠道菌群时会增加双歧杆菌这一有益菌群数量，并诱导淋巴组织集合的浆细胞产生大量的分泌型免疫球蛋白A，这不但让小肠淋巴组织集合细胞增生起促进作用，也增强了机体的免疫功能。

五、抑制癌细胞活性

茶叶对多种癌症具有一定抑制作用，茉莉花中含有的粗多糖可以延长肝癌小鼠的生命期，具有抑制癌细胞活性的作用。此外，茉莉花茶的一部分香气成分可以抑制癌细胞的活性。茉莉花非挥发性成分具有广谱抗肿瘤活性，且对肿瘤的抑制作用与其浓度密切相关。

在茉莉花茶的抗癌功效方面：韦英亮等研究发现茉莉花黄酮能明显抑制肺癌细胞增殖与分化；陈梅春等研究发现茉莉花茶中

的酚酸类、黄酮类等非挥发性成分对胃癌细胞活性的抑制能力强于肝癌细胞，两者抑制效果均呈剂效关系；日本教授山西贞曾研究发现，茉莉花茶中香气成分可抑制癌细胞活性；黄天辉等发现，加入茉莉花茶的三醋酸甘油酯提取液能改善卷烟烟气品质，减少其中对人体有害的成分；采用 MTS 法研究茉莉花渣中黄酮的体外抗肿瘤活性发现，其对肺癌 H-292 细胞株在体外具有一定抑制作用。

六、抑菌、去除口腔异味

茉莉花非挥发性成分对病原微生物有一定的抑制作用，可将其作为食品防腐剂或保鲜剂应用于食品工业等领域。并且茉莉花茶黄酮提取液具有广谱杀菌效果，对枯草芽孢杆菌、大肠杆菌、金黄色葡萄球菌均有一定抑制作用，对金黄色葡萄球菌的抑菌能力最强。茶多酚和没食子儿茶素没食子酸酯是茉莉花茶杀菌、抑菌作用的有效成分。进一步研究表明，茉莉花茶之所以能够起到杀菌、抑菌的作用，主要有以下几点原因：儿茶素对脂质双层有很强的亲和力。这种亲和力使得儿茶素在生物体内能够有效地穿过细胞膜，进入细胞内部，从而更好发挥其抗菌等生物活性作用；茶多酚既可通过与 DNA 直接作用使其生长和增殖受到影响，又可通过干扰 DNA 的正常形态与功能进而发挥抑菌作用，同时，茶多酚结构中的酚羟基、苯环可让蛋白质的正常表达受到干扰，进而抑制细菌的活性。

茉莉花茶抑菌抗菌作用较为显著，茶叶中茶多酚以及茶色素有抑制细菌生长的作用，这正是人们以茶漱口来缓解口腔溃疡和牙龈肿痛等口腔问题的原因。任蕾等研究表明，高浓度的茉莉花茶水浸液具有较强的抑菌作用，茉莉花茶对变异链球菌、牙龈卟啉单胞菌有抑菌作用。《实用中药词典》中也记载了茉莉花茶具有解决口臭及疮疡等问题的作用。口臭通常由肺热、胃热、阴虚所致，茉莉花茶配合相应量的山楂、鱼腥草或石斛，患者适当饮用后可缓解其症状。临床试验表明，茉莉花茶水浸液具强抑菌作用，可以抑制一系列龋齿致病菌以及牙周炎相关致病菌。临床口腔护理试验证实，茉莉花茶提取液对口腔的抑菌效果优于生理盐水。茉莉花茶提取液具有很好抗炎杀菌作用，不受口腔 pH 影响，且口感好、具清香味，患者容易接受。用茉莉花茶提取液护理的患者，其口臭及口腔异味去除效果好。

七、抗抑郁

茉莉花的香气具有理气开郁的功效。茉莉花茶能使人集中精神、降压提神、提高工作效率。当今社会，人们工作压力大、生活节奏快，神经处于高度紧张的状态，抑郁症等都市病也时有发生，而茉莉花茶是舒缓心情、调节情绪的理想茶品。

一项人体实验调查了茉莉花茶气味对 24 名健康志愿者的自主神经活动和情绪状态的影响。研究结果表明，茉莉花茶气味及主要气味成分芳樟醇在极低的强度下对人体自主神经活动和情绪状态具有镇静作用。另一项人体研究证明，茉莉花茶气味可对大脑进行自主神经反应。研究表明，人吸入了茉莉花茶的香气后，能一定程度地提高简单心算的正确率，心跳加快的现象得以抑制。Naohiko 等测试了茉莉花香气对人交感神经和副交感神经活动的影响，发现茉莉花香可以激活副交感神经，减少神经活动和降低心率，具有镇静作用。此外，茉莉花的香气还有理气解郁的作用，刘珺等通过给小鼠灌胃茉莉花茶汤，发现茉莉花茶具有一定的激活神经递质的作用，对抗抑郁有很好的效果。(R) -芳樟醇、茶氨酸是茉莉花茶抗抑郁功效的主要活性物质。进一步研究表明，茉莉花茶之所以能够起到抗抑郁的作用，主要归因于以下几点：一定浓度的茉莉花茶香气成分 (R) -芳樟醇可以对人的情绪起到镇静作用；茉莉花茶中的茶多酚具有一定的激活神经递质的作用，在芳樟醇的作用下，小鼠体内递质中多巴胺（DA）、5 -羟色胺（5 - HT）和去甲肾上腺素（NA）浓度得到改善，去甲肾上腺素（NA）和多巴胺（DA）的含量有所上升。

八、其他功效及应用

茉莉花可以化湿和中。“中”指的是脾胃，茉莉花具有性温的特点，因此茉莉花茶是一种健胃的常用饮品。《本草纲目拾遗》中说：“其气上能透顶，下至小腹，解胸中一切陈腐之气。”茉莉花茶可防治肝气郁结引起的胸胁疼痛、妇女痛经。

茉莉花茶独特的香气使其能作为一种较好的去味物质。尹雪梅研究表明，茉莉花茶水具浓郁芳香，能去除塑料异味。

茉莉花茶能减轻甲醛对身体的伤害。张帆等研究茉莉花茶水对小鼠受甲醛损伤后的器官的保护作用，并选择出能减轻甲醛对体内器官损伤的茉莉花茶水的最佳浓度。

茉莉花茶的抗炎作用。王发左对茉莉花粗多糖进行了初步抗炎研究，结果显示茉莉花渣中粗多糖能改善小鼠炎症模型症状，并表现出稳定的剂效关系。Sengar 等进一步明确了茉莉花多糖类、黄酮类等非挥发性成分的抗炎活性。因此，茉莉花非挥发性成分可能是通过调控机体内氧化应激而发挥抗炎活性，对天然抗炎保健食品的开发有潜在的应用价值。

第三节 茉莉花茶的产品类型

根据不同的制作工艺和原料等级，茉莉花茶产品可以分为以下几种类型。

一、级型茉莉花茶

这种茉莉花茶使用不同等级的绿茶作为茶坯，与茉莉鲜花拼和窨制而成，它的外形为条形，可以分为特级、一级、二级、三级、四级、五级、碎茶、片茶等。这种茶的特点是外形紧结、匀整洁净，色泽黄绿、有光泽，香气浓纯，滋味醇爽，汤色黄亮，叶底黄亮。

二、特种茉莉花茶

这种茉莉花茶通常是用名优绿茶或特殊形态的绿茶作为茶坯，经过多次窨制而成。它的主要产品包括茉莉银毫、茉莉大白毫、茉莉银针、茉莉雪芽、茉莉龙珠、茉莉银环、茉莉凤眼、碧潭飘雪等。特种茉莉花茶的特点是香气鲜灵浓郁，滋味鲜醇或浓醇鲜爽，汤色嫩黄或黄亮明净。

三、造型工艺花茶

这种茉莉花茶采用特殊的手工造型工艺，将鲜花与茶叶揉和在一起。冲泡时，茶叶像绿色的花托一样“拱卫”着盛开的鲜花，融合了茶味之美和茉莉花香。

四、其他分类

市场上常见的茉莉花茶还包括烘青茉莉花茶、炒青茉莉花茶、碎茶茉莉花茶、片茶茉莉花茶等，这些茶叶的分类与其制作工艺和原料等级有关。

第四节 茉莉花茶的品鉴

一、观色——茉莉花茶的色泽与清澈度

（一）茉莉花茶的基本色泽辨识

茉莉花茶的基本色泽辨识是品鉴过程中的重要一环。色泽作为茶叶外观的直接体现，不仅反映了茶叶的新鲜度和制作工艺，还与茶叶的内在品质息息相关。一般来说，优质的茉莉花茶色泽呈现为黄绿色至绿黄色，这种色泽表明茶叶中的叶绿素含量丰富，茶叶新鲜度高，制作工艺得当。

在品鉴过程中，我们可以通过观察茶汤的颜色来判断茉莉花茶的品质。优质的茉莉花茶，其茶汤色泽清澈透明，无浑浊现象。当茶汤色泽为深绿色或偏黄色时，可能意味着茶叶的采摘时间不当或

制作工艺有缺陷，这将对茶叶的口感和香气产生不良影响。

在品鉴茉莉花茶时，我们可以借助一些简单的工具来辅助判断色泽的优劣。例如，使用白色的瓷质茶杯或茶盘，可以更好地观察茶汤的色泽和清澈度。同时，我们还可以通过对比不同品牌的茉莉花茶，来加深对色泽特征的认识和理解。

此外，色泽的变化还可以反映出茶叶的保存状态。如果茶叶保存不当，如受潮或长时间暴露在温度不适宜的环境下，可能会导致茶叶色泽变暗，失去原有的光泽。因此，在选购茉莉花茶时，我们应注意观察茶叶的色泽，选择色泽鲜亮、清澈透明的茶叶。

茉莉花茶的基本色泽辨识是品鉴过程的重要环节。通过观察茶叶的色泽，我们可以初步判断茶叶的新鲜度、制作工艺和保存状态，从而为后续的闻香和品味环节提供参考。正如茶圣陆羽所言："茶有千味，色有百态。"通过深入了解和掌握茉莉花茶的基本色泽辨识技巧，我们可以更好地品味和欣赏这一传统名茶。

（二）色泽变化与茶叶新鲜度的关联

茉莉花茶的色泽变化与茶叶新鲜度之间存在着密切的关联。一般来说，新鲜的茉莉花茶色泽翠绿，这种色泽是茶叶中叶绿素和茶多酚等成分的体现。随着茶叶的新鲜度降低，色泽会逐渐变暗，甚至出现褐色或棕色的斑点。这种色泽变化不仅影响了茶叶的外观，更是茶叶品质下降的标志。

茶叶的新鲜度对茉莉花茶的色泽有着决定性的影响。新鲜的茶叶含有较多的叶绿素和茶多酚，这些成分赋予了茶叶明亮的色泽。然而，随着时间的推移，茶叶中的这些成分会逐渐发生氧化和降解，导致色泽变暗。此外，茶叶在存储和运输过程中如果受到不当处理，如受潮、暴晒等，也会导致色泽变化，进而影响茶叶品质。

以绿茶为例，新鲜的绿茶呈现出翠绿色，随着存放时间的延长，色泽会逐渐变深，最终转为暗褐色。这一过程中，茶叶的品质和口感也会发生明显的变化。新鲜的绿茶口感清爽、香气浓郁，而存放时间较长的绿茶则口感苦涩、香气淡薄。

为了准确掌握茉莉花茶的色泽变化与新鲜度的关系，我们可以采用一些简单的观察方法。首先，观察茶叶的整体色泽，新鲜的茶叶色泽翠绿，而开始变质的茶叶则色泽暗淡，甚至出现褐色或棕色的斑点；其次，观察茶汤的清澈度，新鲜的茶叶泡出的茶汤清澈透明，而开始变质的茶叶泡出的茶汤则浑浊不清。这些观察方法可以帮助我们初步判断茶叶的新鲜度和品质。

此外，一些专业的茶叶品鉴师还会采用更精确的方法来评估茶叶的新鲜度和品质。例如，他们可以通过测量茶叶中叶绿素和茶多酚的含量来评估茶叶的新鲜度；通过观察茶叶质地或闻香来评估茶叶的品质。这些专业方法需要一定的专业知识和设备支持，但可以为我们提供更加准确和客观的评估结果。

总之，色泽变化是反映茉莉花茶新鲜度和品质变化的重要指标之一。通过观察和评估茶叶的色泽变化，我们可以初步判断茶叶的新鲜度和品质状况。同时，我们也需要注意茶叶的存储和运输条件，避免茶叶受潮、暴晒等，以保持茶叶的新鲜度和品质。

正如茶圣陆羽在《茶经》中所言："茶者，南方之嘉木也。一尺、二尺乃至数十尺。其巴山峡川，有两人合抱者，伐而掇之。"这说明茶叶的新鲜度与其生长环境和采摘时间密切相关。同样，茉莉花茶的色泽变化也与其原料的生长、采摘、加工和存储等环节紧密相连。因此，在品鉴茉莉花茶时，我们需要综合考虑各种因素，全面评估其品质和价值。

色泽变化与茶叶新鲜度的关联是茉莉花茶品鉴中不可忽视的一环。通过观察和分析茶叶的色泽变化，我们可以更加深入地了解茶叶的品质和新鲜度，从而得出更加准确的品鉴结果和购买建议。

（三）色泽与茉莉花茶品质的微妙关系

茉莉花茶的色泽，作为品质的重要体现，与其内在成分和制作工艺密切相关。一般来说，优质的茉莉花茶色泽翠绿，清澈透明，这得益于茶叶中丰富的叶绿素和茶多酚等成分。这些成分不仅赋予了茶叶独特的绿色，还为其带来了清新的口感和丰富的营养。

由前文可知，色泽的变化往往与茶叶的新鲜度相关。新鲜的茉莉花茶色泽鲜亮，随着存放时间延长，色泽会逐渐变暗，这是因为茶叶中活性成分的氧化和降解。因此，通过观察色泽的变化，我们可以初步判断茉莉花茶的新鲜度和保存状态。

清澈度是茉莉花茶品质的另一个重要指标。清澈透明的茶汤意味着茶叶中的杂质和沉淀物较少，这反映了制作工艺的精湛和茶叶较高的纯净度。相反，浑浊的茶汤可能暗示着茶叶在加工或保存过程中受到了污染或不当处理。

在品鉴茉莉花茶时，我们可以借助一些分析工具来更准确地评估色泽与品质的关系。例如，使用色卡来对比茶汤的颜色，或者利用光谱仪来测量茶叶中叶绿素的含量，这些工具可以帮助我们更科学地判断茉莉花茶的品质。

值得一提的是，茉莉花茶的色泽与其香气和口感也密切相关。一般来说，色泽鲜亮的茶叶往往具有更浓郁的香气和更鲜爽的口感。这是因为色泽的变化反映了茶叶中活性成分的含量与状态，而这些成分也正是决定茶叶香气和口感的关键物质。

综上所述，通过观察和分析色泽的变化，我们可以更深入地了解茉莉花茶的品质特征和保存状态。因此，在品鉴茉莉花茶时，不妨多留意其色泽的变化，这将有助于我们更好地感受这一传统名茶的魅力。

（四）茉莉花茶色泽变化的原因及保存建议

茉莉花茶色泽变化的背后有多种因素，其中最为关键的是茶叶的新鲜度、制作工艺和保存环境。

茶叶的新鲜度直接影响着色泽的鲜亮程度，新鲜的茉莉花茶色泽翠绿，但随着存放时间增长，色泽会逐渐暗淡，甚至转为黄褐色。这一变化过程不仅影响了茶叶的感官品质，也反映出茶叶内部化学成分的变化。例如，茶叶中的叶绿素会随着时间的推移逐渐分解，导致茉莉花茶色泽变暗。

制作工艺对茉莉花茶色泽的影响也不容忽视。在制茶过程中，如果杀青不足或揉捻过度，都可能导致茶叶色泽偏暗。此外，烘焙温度过高或时间过长，也会使茶叶色泽变深。因此，精湛的制茶技艺对于保持茉莉花茶色泽的鲜亮至关重要。

保存环境同样对茉莉花茶色泽的变化有一定影响。茶叶应存放在干燥、避光、通风良好的环境中，以防受潮、发霉和变色。据研究，茶叶在空气相对湿度超过70%的环境中存放，色泽变化的速度会明显加快。因此，科学合理的保存方法对于保持茉莉花茶色泽的稳定至关重要。

针对茉莉花茶色泽变化的保存建议：①保存时选择密封性好的茶叶罐或包装袋，确保茶叶不受外界空气和水分的影响；②将茶叶存放在阴凉、干燥、避光的地方，避免阳光直射和高温烘烤；③定期翻动和检查茶叶，确保茶叶均匀干燥和通风，防止受潮和发霉。

综上所述，茉莉花茶色泽的变化不仅反映了茶叶的新鲜度和制作工艺，也与保存环境密切相关。通过合理地保存，我们可以有效延缓茉莉花茶色泽劣变，保持其鲜亮和诱人的外观。

（五）茉莉花茶的基本色泽特征

茉莉花茶的基本色泽特征是清澈透亮，呈现出淡黄色至黄绿色。这种色泽不仅反映出茶叶的新鲜度和制作工艺的精湛，更是茉莉花茶品质的重要体现。在品鉴茉莉花茶时，色泽的观察是不可或缺的一环。

茉莉花茶的色泽与其原料茶叶的品种和采摘时间密切相关。一般来说，采用嫩芽和嫩叶制作的茉莉花茶，色泽更加鲜亮，呈现出淡黄色或浅绿色。而采摘时间较晚的茶叶，由于内含物质更加丰富，色泽可能会偏向深绿色或黄绿色。这种色泽的变化既反映出茶叶的生长状况，又会影响茉莉花茶的口感和香气。

除了原料因素外，茉莉花茶的制作工艺也会对色泽产生影响。在制茶过程中，如果采用了高温快速杀青等工艺，可以有效保留茶叶中的叶绿素和其他营养成分，使得茉莉花茶的色泽更加鲜亮。相反，如果制作工艺不当，如杀青温度过高或时间过长，就可能导致茶叶色泽变暗，失去原有的鲜活感。

在品鉴茉莉花茶时，我们可以通过观察茶汤的色泽来判断其品质。优质的茉莉花茶，茶汤清澈透亮，色泽均匀一致，无浑浊或沉淀物；而品质较差的茉莉花茶，茶汤可能呈现出浑浊不清或色泽不均的现象。此外，随着茉莉花茶保存时间的延长，色泽也可能发生变化。因此，在品鉴过程中，我们还需要结合其他品鉴技巧，如闻香和品味等，来全面评估茉莉花茶的品质。

此外，为了保持茉莉花茶的色泽和品质，我们还需要注意冲泡技巧。在冲泡时，应使用清洁的茶具，控制水温在 80～90 ℃，避免水温过高导致茶叶中的营养成分流失。同时，冲泡次数也不宜过多，一般 3～4 次，以免茶叶过度氧化，影响口感和营养价值。

总之，茉莉花茶的色泽变化是茶叶品质变化的重要表现之一。通过合理的保存和冲泡方法，我们可以延缓茶叶的氧化过程，保持茶叶的色泽和品质，从而充分享受茉莉花茶带来的健康和美味。

（六）清澈度对茉莉花茶品质的影响

清澈度作为评估茉莉花茶品质的重要指标之一，对于茶的整体品质有着深远的影响。清澈透明的茶汤不仅能给人以视觉上的享受，更是茶叶内在品质的直接体现。在品鉴茉莉花茶时，清澈度往往与茶叶新鲜度、制作工艺水平以及存储条件等因素密切相关。

首先，清澈度反映了茉莉花茶的新鲜度。新鲜的茶叶含有较少的杂质和沉淀物，用其冲泡后的茶汤自然更加清澈。随着时间的推移，茶叶中的成分会逐渐氧化、降解，导致茶汤变得浑浊。因此，通过观察茶汤的清澈度，我们可以初步判断茶叶的新鲜程度。

其次，清澈度也是茉莉花茶制作工艺水平的体现。在茉莉花茶的制作过程中，如果工艺得当、操作精细，就能够最大程度地保留茶叶中的有益成分，同时减少杂质的产生。这样的茶叶冲泡后，茶汤自然更加清澈透亮。相反，如果制作工艺粗糙、操作不当，茶叶中的杂质和沉淀物就会较多，导致茶汤浑浊不清。

此外，存储条件也会对茉莉花茶的清澈度产生影响。茶叶在存储过程中，如果受到潮湿、高温等不良环境的影响，就容易发生霉变、氧化等，导致茶汤变得浑浊。因此，正确的存储方式对于保持茉莉花茶清澈度至关重要。

正如茶圣陆羽在《茶经》中所言："清者上，浊者下。"这句话深刻揭示了清澈度在茶叶品质评价中的重要地位。在品鉴茉莉花茶时，我们应该注重观察茶汤的清澈度，通过它来判断茶叶的新鲜度、制作工艺水平以及存储条件等因素。同时，我们也应该选择那些清澈透亮的茉莉花茶来品尝，以充分体验其独特的香气和口感。

二、闻香——茉莉花茶的香气与层次感

（一）茉莉花茶的香气特点

茉莉花茶的香气堪称其品质的灵魂。这种香气独特而持久，融合了茉莉花与茶叶的精华，既有茉莉花的清新芬芳，又有茶叶的深沉韵味。据研究，茉莉花茶中的香气成分达上百种，其中最为突出的是茉莉花醇和茉莉花酮，它们赋予了茉莉花茶独特的香气和魅力。

在品鉴茉莉花茶时，闻香是不可或缺的一环。将茶杯轻轻旋转，让茶香充分散发，然后深深吸气，清新、淡雅、芬芳的香气扑鼻而来，令人仿佛置身于盛开的茉莉花丛中。这种香气层次丰富，既有茉莉花的清香，又有茶叶的底蕴，让人陶醉其中。

茉莉花茶的香气与其品质密切相关。优质的茉莉花茶，香气持久、纯正、无杂味；而品质较差的茉莉花茶，香气淡薄、有异味。因此，通过闻香可以初步判断茉莉花茶的品质。

茉莉花茶的香气还具有独特的健康功效。茉莉花中的香气成分具有一定的药用价值，如茉莉花醇具有镇静、抗抑郁的作用，茉莉花酮具有抗菌、抗炎的作用。因此，常饮茉莉花茶不仅可以舒缓压力，还有助于改善睡眠质量、增强免疫力。

茉莉花茶的香气特点，正是其独特魅力的体现。无论是从品质、健康还是文化内涵等方面，茉莉花茶的香气都值得我们深入品鉴和欣赏。正如茶圣陆羽所言："茶之为饮，发乎神农氏，闻于鲁周公，齐有晏婴，汉有扬雄、司马相如，吴有韦曜，晋有刘琨、张载、远祖纳、谢安、左思等人，皆饮焉。"茉莉花茶作为茶文化的瑰宝，其香气特点更是值得我们细细品味和传承。只有真正了解茉莉花茶的香气特点，才能更好地品味其美妙的味道，感受其深厚的文化内涵。

（二）茉莉花茶的香气层次与变化

茉莉花茶的香气层次与变化，是品鉴过程中最引人入胜的一

环。茉莉花茶的香气，初闻之下，清新淡雅，仿佛置身于初春的花园，随着热气的升腾，香气逐渐弥漫开来，层次丰富，变化多样。据研究，茉莉花茶中蕴含的香气成分高达上百种，这些成分在茶叶与茉莉花的共同作用下，构成了独特的香气层次。

以“碧潭飘雪”为例，这款茉莉花茶在香气层次上表现得尤为出色。初泡时，淡雅的花香与清新的茶香交织，如同春天的气息，清新宜人。随着冲泡次数的增加，花香与茶香的融合更加紧密，形成了一种独特的复合香气，仿佛是大自然的馈赠。而到了深层，则又是一种难以言表的韵味，让人沉醉其中，久久无法自拔。这种香气层次的变化，正是茉莉花茶独特魅力所在。

在品鉴茉莉花茶时，我们可以借鉴音乐中的“和声分析模型”来解读其香气层次。如同音乐中的和声，茉莉花茶的香气也是由多个层次组成的。每个层次都有其独特的“音色”和“旋律”，共同构成了茉莉花茶独特的香气。通过仔细品味，我们可以感受到层次之间的和谐与变化，从而更加深入地理解茉莉花茶的香气魅力。

在茉莉花茶的香气中，最为明显的是茉莉花的香气，清新而持久。然而，细心品味之下，还能发现茶叶本身的气味，如绿茶的清香、红茶的醇厚等；与茉莉花的香气相互融合，形成了独特的香气层次。这种层次感的形成，既得益于茶叶与茉莉花的精心搭配，也离不开制茶师傅的精湛技艺。

茉莉花茶的香气变化，更是令人称奇。随着冲泡次数的增加，香气逐渐由清新转为浓郁，再转为淡雅，仿佛经历了一个完整的生命周期。这种变化，不仅体现了茶叶与茉莉花之间的相互作用，也反映了茶叶本身的品质。优质的茉莉花茶，其香气变化丰富而自然，令人回味无穷。

茉莉花茶丰富的香气成分、独特的香气层次以及自然变化，正是这一古老而传统的饮品魅力的体现。在繁忙的现代生活中，品一杯茉莉花茶，感受其香气的层次与变化，不仅让人身心放松，更让人品味到传统文化的深厚底蕴。

（三）茉莉花茶香气与品质的关联

茉莉花茶的香气与品质之间存在着密切的关联。茉莉花茶的香气是其品质的重要体现之一，也是消费者在选择和品鉴时最为关注的特点之一。茉莉花茶的香气独特而浓郁，具有鲜明的层次感，这种香气不仅令人愉悦，更是花茶品质的象征。香气直接影响到口感的舒适度和层次感，香气品质也是判断茉莉花茶品质的重要指标之一。

茉莉花茶的香气主要来源于茉莉花本身及与茶叶的相互作用。茉莉花本身具有浓郁的香气，而茶叶则具有吸附和融合香气的能力。在茉莉花茶的制作过程中，茶叶通过吸附茉莉花的香气，其本身的味道与茉莉花的香气相互融合，形成了独特的茉莉花茶香气。

茉莉花茶的香气品质可以通过专业的香气分析模型进行评估。例如，通过香气轮盘模型，可以对茉莉花茶的香气进行细致地描述和分类。香气轮盘模型将香气分为多个维度，如花香、果香、草本香等，每个维度下又有多个具体的香气特征。通过对茉莉花茶的香气进行逐一分析，可以确定其香气的主要特征和品质水平。优质的茉莉花茶应该具有浓郁而清新的香气，香气层次丰富，既有茉莉花的香气，又有茶叶的香气，两者相互融合，形成独特的香气特点；同时，香气应该持久而稳定，不会过于浓烈或过于淡薄。而劣质的茉莉花则可能带有异味或香气不足。

茉莉花茶的香气受到多种因素的影响。首先，茉莉花茶的香气与茉莉花品质密切相关。茉莉花茶的香气受到茉莉花品种、产地、采摘时间、制作工艺等因素的影响，还与茶叶的品种、产地、质量、制作工艺等因素密切相关，优质的茶叶具有更好地吸附和融合香气的能力，能够更好地展现出茉莉花的香气特点。如福建的茉莉花茶以花香浓郁、清新持久著称，而广西的茉莉花茶则更注重茶叶本身的品质，香气更加柔和细腻。制作工艺的不同也会对茉莉花茶的香气品质产生影响，如烘焙、揉捻等工艺可以调整茶叶的香气和口感，使茉莉花茶的香气更加独特和丰富。此外，制作过程中，茶叶与茉莉花的使用比例、制作工艺的精细程度等因素都会影响茉莉花茶的香气品质，合理的花茶比例和精湛的制作工艺能够使茶叶与茉莉花的香气相互融合。

茉莉花茶的香气品质与其整体品质有着密切的关联。通过对茉莉花茶香气品质的分析和评估，可以更好地了解其品质特点和优劣程度，为品饮和鉴赏提供有力的依据。

(四) 茉莉花茶香气的影响因素及保存建议

茉莉花茶的香气，作为评判其品质的重要指标之一，受到多种因素的影响。茉莉花茶的香气品质与其产地和采摘时间也有很大关系。优质的茉莉花茶通常产自气候适宜、土壤肥沃的地区，采摘时间也十分重要。一般来说，春季采摘的茉莉花茶香气更加浓郁，夏季采摘的则更加清新。

首先，茶叶的新鲜度是决定香气品质的关键因素。新鲜度越高的茶叶，其香气越为纯正、浓郁。例如，新采摘的茉莉花茶，其香气清新、芬芳，而存放时间过长的茶叶，则可能因为氧化等原因香气减弱。因此，在保存茉莉花茶时，应确保茶叶的密封性，避免与空气长时间接触。

其次，茶叶的烘焙程度也会对香气产生影响。适度的烘焙能够提升茶叶的香气，使其更加醇厚。然而，烘焙过度则可能导致茶叶的气味变得刺鼻，失去原有的芬芳。因此，在烘焙茉莉花茶时，需要掌握适当的火候和时间，以确保茶叶的香气达到最佳状态。

此外，茉莉花茶的香气还受到冲泡技巧的影响。水温、冲泡次数等因素都会对茶叶的香气产生影响。一般来说，使用 80～90 ℃的热水冲泡茉莉花茶，能够更好地提取茶叶中的香气成分；同时，冲泡次数也不宜过多，一般以 3～4 次为宜，以免茶叶中的香气成分过度流失。

在保存茉莉花茶时，除了注意密封性和避免与空气长时间接触外，还应避免阳光直射和高温。阳光直射和高温都可能导致茶叶中的香气成分分解，使茶叶的香气减弱。因此，建议将茉莉花茶存放在阴凉、干燥、通风的地方，以保持其香气品质。

综上所述，茉莉花茶的香气品质受到多种因素的影响，包括茶叶的新鲜度、烘焙程度、冲泡技巧以及保存条件等。为了保持茉莉花茶的香气品质，我们需要在制作、冲泡和保存过程中都加以注意，只有这样，才能充分领略茉莉花茶那独特的芬芳香气。

（五）茉莉花茶香气的辨识与欣赏

茉莉花茶香气的辨识与欣赏，不仅是对茶叶品质的判断，更是一种文化的传承和情感的交流。茉莉花茶的香气独特，清新而持久，带有一种淡雅的甜香，让人心旷神怡。这种香气是由茉莉花和茶叶共同作用而产生的，既有茉莉花的芬芳，又有茶叶的清香，两者相互融合，形成了独特的茉莉花茶香气。

在辨识茉莉花茶的香气时，我们可以从香气的强度、纯度和持久度三个方面入手。首先，香气的强度是指茉莉花茶的香气是否浓郁，是否能够在第一时间吸引我们的嗅觉；其次，香气的纯度则是指茉莉花茶的香气是否纯净，是否有杂味或异味；最后，香气的持久度则是指茉莉花茶的香气能够持续多久，是否能够在多次冲泡后仍然保持浓郁的香气。

欣赏茉莉花茶的香气，需要我们用心去体会。首先，将茶杯旋转，让茶叶在杯中翻滚，使香气充分散发。然后，深吸一口气，让茉莉花的香气充满整个鼻腔，感受其清新而甜美的味道。接着，细细品味，让香气在口腔中停留片刻，感受其层次感和变化。最后，将茶杯靠近鼻子，再次深深地吸气，让茉莉花的香气深深地留在记忆中。

茉莉花茶香气的辨识与欣赏，需要我们具备一定的专业知识和经验。通过多次品尝和实践，可以逐渐掌握茉莉花茶的香气特点，从而更好地欣赏和享受这一美味的饮品。同时，茉莉花茶的香气也是我们判断茶叶品质的重要依据之一。只有品质优良的茉莉花茶，才能散发出清新而持久的香气，让人久久回味。

参考文献

安会敏，欧行畅，熊一帆，等，茉莉花茶挥发性成分在窨制过程中的变化研究［J］. 茶叶通讯（1）：67－74.

蔡静，叶润，贾凯，等，2020. 茶多酚的提取及抑菌活性研究综述［J］. 化学试剂，42（2）：105－114.

陈梅春，朱育菁，王阶平，等，2019. 窨制对茉莉花茶抑制癌细胞增殖的影响［J］. 食品安全质量检测学报，10（13）：4209－4216.

陈殷，2010. 茉莉主要病虫害及防治［J］. 中国花卉园艺（24）：33－35.

陈殷，2013. 八种鲜为人见的多瓣茉莉［J］. 中国花卉园艺（22）：30－31.

陈玉春，林心舜，李柏龄，1991. 乌龙茶和茉莉花茶对小鼠免疫功能的影响［J］. 茶叶科学（2）：163－167.

丛涛，赵霖，李珍，等，2011. 3 种不同的茉莉花茶对生长期大鼠营养生理功能的影响研究［J］. 现代预防医学（3）：456－460.

崔宏春，赵芸，黄海涛，等，2024. 茉莉花茶加工技术及风味品质研究进展［J］. 安徽农业科学，52（1）：17－20.

董文斌，黄雪群，黄志君，等，2019. 广西横县茉莉花种植现状与建议［J］. 中国热带农业（3）：14－16.

韩运哲，2006. 茉莉花茶［M］. 北京：中国轻工业出版社.

何任朗，陈国海，黄桂兰，2023. 茉莉花茶香飘远产销两旺前景好［N］. 南宁日报，2023－06－21（002）.

江用文，2011. 中国茶产品加工［M］. 上海：上海科学技术出版社.

蒋慧颖，马玉仙，黄建锋，等，2016. 茉莉花茶保健功效及相关保健产品研究现状［J］. 山西农业大学学报（自然科学版），36（8）：604－608.

雷一东，丁朝华，2002. 茉莉花的栽培与利用［M］. 北京：金盾出版社.

李脉泉，董云霞，张灿，等，2022. 常见花茶的功能成分与生物活性研究进展［J］. 现代食品科技，38（9）：361－373.

林洁鑫，黄建锋，颜廷宇，等，2021. 茉莉花茶降血糖和降血脂作用研究进展 [J]. 茶叶通讯，48 (3)：405-408，414.

林一萍，陈红玉，吴瑞荣，1986. 茉莉花茶的抗脂质过氧化作用及对果蝇寿命的影响 [J]. 福建茶叶 (4)：26-27，38.

刘芳，2019. 横县茉莉花茶产业发展现状及对策研究 [J]. 广西农学报，34 (5)：37-39.

刘光琳，2020. 茉莉花（茶）产业集群之“横县传奇” [J]. 农家之友 (7)：10-11.

刘珺，高水练，杨江帆，2014. 茉莉花茶抗抑郁的效果 [J]. 福建农林大学学报（自然科学版），43 (2)：139-145.

刘为民，2021. 茉莉花产业发展和国家现代农业产业园创建的实践探索 [J]. 广西农学报，36 (2)：1-4.

刘仲华，2021. 茉莉花茶产业概况与创新发展 [J]. 中国茶叶，43 (3)：1-5.

鲁成银，2022. 茶叶审评与检验技术 [M]. 北京：国家开放大学出版社.

骆少君，郭雯飞，1989. 茶叶吸香特性的研究 [J]. 福建茶叶 (3)：12-18.

蒙振，2011. 技术转移视野下的广西横县茉莉花茶产业发展研究 [D]. 南宁：广西民族大学.

农丽丽，吴峰，陶冰倩，等，2023. 横州市茉莉花集成栽培技术的示范推广及综合效益 [J]. 南方农业，17 (17)：153-157.

农宁春，2021. 数字化赋能横县茉莉花种植向现代高效迈进 [J]. 农家之友 (4)：17.

庞晓莉，2003. 茶用香花栽培与花茶窨制 [M]. 北京：中国农业出版社.

钱婉婷，应浩，江林，等，2024. 横州市茉莉花茶产业现状及高质量发展建议 [J]. 轻工科技 (2)：187-191.

秦岚，2015. 茉莉花高效种植技术 [J]. 农家科技 (6)：22.

全国茶叶标准化技术委员会，2017. 茉莉花茶：GB/T 22292—2017 [S]. 北京：中国标准出版社.

施兆鹏，1997. 茶叶加工学 [M]. 北京：中国农业出版社.

覃记昌，韦全辉，徐炳奇，2011-04-20. 茉莉六堡茶及其制备方法：CN 201010582758 [P].

唐静怡，2022. 茉莉花茶调节 db/db 小鼠血糖和氧化应激的作用研究 [D]. 长沙：湖南农业大学.

唐雅园，何雪梅，孙健，等，2021. 茉莉花非挥发性成分及其功能活性研究进

展 [J]. 食品研究与开发，42 (11)：189-195.
王发左，2004. 茉莉花渣成分分析及应用研究 [D]. 合肥：安徽农业大学.
王密，蒋昀靓，邝晓聪，等，2011. 茉莉花、茉莉花茶提取液对部分免疫效应的影响 [J]. 中国病理生理杂志，27 (7)：1428-1430.
韦玉全，农丽丽，张龙艳，等，2022. 茉莉花冬季开花技术研究 [J]. 现代园艺，45 (3)：19-20.
夏涛，2014. 制茶学 [M]. 北京：中国农业出版社.
徐友仁，李桂峰，李浩铭，等，2023. 广西横州"一朵花"富了一座城 [N]. 金融时报，2023-07-25 (009).
杨江帆，2008. 福建茉莉花茶 [M]. 厦门：厦门大学出版社.
杨其涛，杨其波，2020. 茉莉花茶保健功效研究进展 [J]. 福建茶叶，42 (9)：3-5.
杨万业，2021. 茉莉花白绢病预防措施和处理方法 [J]. 南方农业，15 (32)：51-52，55.
杨伟丽，何文斌，张杰，1995. 花茶素坯物理特性的研究 [J]. 中国茶叶加工 (2)：15-18.
杨伟丽，张杰，何文斌，1996. 花茶素坯吸附性能的研究 [J]. 福建茶叶 (1)：15-19.
杨亚军，2009. 评茶员培训教材 [M]. 北京：金盾出版社.
叶乃兴，2021. 茶学概论 [M]. 北京：中国农业出版社.
叶乃兴，杨广，郑乃辉，等，2006. 湿窨工艺及配花量对茉莉花茶香气成分的影响 [J]. 茶叶科学 (1)：65-71.
叶乃兴，杨江帆，2017. 福州茉莉花与茶文化系统研究 [M]. 北京：中国农业出版社.
叶乃兴，邹长如，陈金水，等，2007. 单瓣茉莉和双瓣茉莉形态性状的比较 [J]. 茶叶科学技术 (4)：31-32，64.
叶秋萍，金心怡，徐小东，2014. 茉莉花精油提取技术的研究进展 [J]. 热带作物学报，35 (2)：406-412.
玉梦娴，叶明琴，2023. 广西横州市茶旅融合发展研究 [J]. 热带农业工程，47 (2)：32-35.
张丽霞，1998. 茉莉花茶加工理论研究进展 [J]. 茶叶通讯 (1)：21-23.
张丽霞，杨伟丽，1998. 茉莉花茶加工技术研究进展 [J]. 茶叶通讯 (3)：19-22.

张仁堂，谷端银，黄守耀，2010. 茉莉花茶中茶多酚的提取分离纯化及其抗氧化性能研究［J］. 中国食物与营养，127（4）：47-51.

郑乃辉，叶乃兴，王振康，等，2006. 增湿连窨工艺对茉莉花茶品质的影响［J］. 福建农林大学学报（自然科学版）（4）：372-376.

周颖，2023. 横州茉莉花区域公用品牌传播策略研究［D］. 南宁：南宁师范大学.

Dutta S，Mahalanobish S，Saha S，et al.，2019. Natural products：an upcoming therapeutic approach to cancer［J］. Food Chem Toxicol，128：240-255.

Kuroda K，Inoue N，Ito Y，et al.，2005. Sedative effects of the jasmine tea odor and（R）-（-）-linalool，one of its major odor components，on autonomic nerve activity and mood states［J］. European Journal of Applied Physiology，95：107-114.

Li R J，Qing Y，Zhou Y L，et al.，2020. Effect of chickpea peptide on immune function of immunocompromised mice［J］. Food Science，41（21）：133-139.

附　录

附录一　GB/T 22292—2017《茉莉花茶》

1　范围

本标准规定了茉莉花茶的要求、试验方法、检验规则、标志标签、包装、运输和贮存。

本标准适用于以绿茶为原料，加工成级型坯后，经茉莉鲜花窨制（含白兰鲜花打底）而成的茉莉花茶。

2　规范性引用文件

下列文件对于本文件的应用是必不可少的。凡是注日期的引用文件，仅注日期的版本适用于本文件。凡是不注日期的引用文件，其最新版本（包括所有的修改单）适用于本文件。

GB/T 191　包装储运图示标志

GB 2762　食品安全国家标准　食品中污染物限量

GB 2763　食品安全国家标准　食品中农药最大残留限量

GB 7718　食品安全国家标准　预包装食品标签通则

GB/T 8302　茶　取样

GB/T 8304　茶　水分测定

GB/T 8305　茶　水浸出物测定

GB/T 8306　茶　总灰分测定

GB/T 8311　茶　粉末和碎茶含量测定

GB/T 23776　茶叶感官审评方法

GB/T 30375　茶叶贮存

GH/T 1070　茶包装通则

JF 1070　定量包装商品净含量计量检验规则

定量包装商品计量监督管理办法　国家质量监督检验检疫总局令〔2005〕第75号

国家质量监督检验检疫总局关于修改《食品标识管理规定》的决定　国家质量监督检验检疫总局令〔2009〕第123号

3　术语和定义

下列术语和定义适用于本文件。

3.1　特种烘青茉莉花茶 special baking jasmine tea

以单芽或一芽一、二叶等鲜叶为原料，经加工后呈芽针形、兰花形或其他特殊造型及肥嫩或细秀条形等，或有特殊品名的烘青坯茉莉花茶。

3.2　特种炒青茉莉花茶 special stir fixation jasmine tea

以单芽或一芽一、二叶等鲜叶为原料经加工后呈扁平、卷曲、圆珠或其他特殊造型，或有特定品名的炒青坯茉莉花茶。

3.3　茉莉花干 dried jasmine

茉莉鲜花经窨制茶叶后，花色转黄、花香散失呈干花状，常伴有绿色花托。

4　分类与实物标准样

4.1　茉莉花茶根据茶坯原料不同，分为烘青茉莉花茶、炒青（含半烘炒）茉莉花茶、碎茶和片茶茉莉花茶。

4.2　各类产品的每一等级应设置实物标准样

5　要求

5.1　基本要求

品质正常，无劣变、无异味、无异嗅，不得含有任何添加剂。各等级产品窨制过程中的配花量参见附录1A。

5.2 感官品质

5.2.1 特种烘青茉莉花茶感官品质应符合附表1-1的规定。

附表1-1 特种烘青茉莉花茶感官品质

类别	项目							
	外形			内质				
	形状	整碎	净度	色泽	香气	滋味	汤色	叶底
造型茶	针形、兰花形或其他特殊造型	匀整	洁净	黄褐润	鲜灵浓郁持久	鲜浓醇厚	嫩黄清澈明亮	嫩黄绿明亮
大白毫	肥壮紧直重实满披白毫	匀整	洁净	黄褐银润	鲜灵浓郁持久幽长	鲜爽醇厚甘滑	浅黄或杏黄鲜艳明亮	肥嫩多芽嫩黄绿匀亮
毛尖	毫芽细秀紧结平伏白毫显露	匀整	洁净	黄褐油润	鲜灵浓郁持久清幽	鲜爽甘醇	浅黄或杏黄清澈明亮	细嫩显芽嫩黄绿匀亮
毛峰	紧结肥壮锋毫显露	匀整	洁净	黄褐润	鲜灵浓郁高长	鲜爽浓醇	浅黄或杏黄清澈明亮	肥嫩显芽嫩绿匀亮
银毫	紧结肥壮平伏毫芽显露	匀整	洁净	黄褐油润	鲜灵浓郁	鲜爽醇厚	浅黄或黄清澈明亮	肥嫩黄绿匀亮
春毫	紧结细嫩平伏毫芽较显	匀整	洁净	黄褐润	鲜灵浓纯	鲜爽浓纯	黄明亮	嫩匀黄绿匀亮
香毫	紧结显毫	匀整	净	黄润	鲜灵纯正	鲜浓醇	黄明亮	嫩匀黄绿明亮

5.2.2 烘青茉莉花茶各等级的感官品质应符合附表1-2的规定。

附表1-2 烘青茉莉花茶各等级感官品质

级别	项目							
	外形				内质			
	条索	整碎	净度	色泽	香气	滋味	汤色	叶底
特级	细紧或肥壮有锋苗有毫	匀整	净	绿黄润	鲜浓持久	浓醇爽	黄亮	嫩软匀齐黄绿明亮
一级	紧结有锋苗	匀整	尚净	绿黄尚润	鲜浓	浓醇	黄明	嫩匀黄绿明亮

（续）

级别	项目							
	外形				内质			
	条索	整碎	净度	色泽	香气	滋味	汤色	叶底
二级	尚紧结	尚匀整	稍有嫩茎	绿黄	尚鲜浓	尚浓醇	黄尚亮	嫩尚匀，黄绿亮
三级	尚紧	尚匀整	有嫩茎	尚绿黄	尚浓	醇和	黄尚明	尚嫩匀黄绿
四级	稍松	尚匀	有茎梗	黄稍暗	香薄	尚醇和	黄欠亮	稍有摊张绿黄
五级	稍粗松	尚匀	有梗朴	黄稍枯	香弱	稍粗	黄较暗	稍粗大黄稍暗

5.2.3 炒青（含半烘炒）茉莉花茶各等级的感官品质应符合附表1-3的规定。

附表1-3　炒青（含半烘炒）茉莉花茶各等级感官品质

级别	项目							
	外形				内质			
	条索	整碎	净度	色泽	香气	滋味	汤色	叶底
特种	扁平、卷曲、圆珠或其他特殊造型	匀整	净	黄绿或黄褐润	鲜灵浓郁持久	鲜浓醇爽	浅黄或黄明亮	细嫩或肥嫩匀、黄绿明亮
特级	紧结显锋苗	匀整	洁净	绿黄润	鲜浓纯	浓醇	黄亮	嫩匀黄绿明亮
一级	紧结	匀整	净	绿黄尚润	浓尚鲜	浓尚醇	黄明	尚嫩匀黄绿尚亮
二级	紧实	匀整	稍有嫩茎	绿黄	浓	尚浓醇	黄尚亮	尚匀黄绿
三级	尚紧实	尚匀整	有筋梗	尚绿黄	尚浓	尚浓	黄尚明	欠匀绿黄
四级	粗实	尚匀整	带梗朴	黄稍暗	香弱	平和	黄欠亮	稍有摊张黄
五级	稍粗松	尚匀	多梗朴	黄稍枯	香浮	稍粗	黄较暗	稍粗黄稍暗

5.2.4　碎茶、片茶的感官品质应符合附表1-4的规定。

附表1-4　茉莉花茶碎茶和片茶的感官品质

碎茶	通过紧门筛（筛网孔径0.8 mm～1.6 mm）洁净重实的颗粒茶，有花香，滋味尚醇
片茶	通过紧门筛（筛网孔径0.8 mm～1.6 mm）轻质片状茶，有花香，滋味尚纯

5.3　理化指标

应符合附表1-5的规定。

附表1-5　茉莉花理化指标

项目	指标			
	特种、特级、一级、二级	三级、四级、五级	碎茶	片茶
水分（质量分数）/%　≤	8.5			
总灰分（质量分数）/%　≤	6.5		7.0	
水浸出物（质量分数）/%　≥	34	32		
粉末（质量分数）/%　≤	1.0	1.2	3.0	7.0
茉莉花干（质量分数）/%　≤	1.0	1.5	1.5	

5.4　卫生指标

5.4.1　污染物限量应符合GB 2762的规定。

5.4.2　农药残留限量应符合GB 2763的规定。

5.5　净含量

应符合《定量包装商品计量监督管理办法》的规定。

6　试验方法

6.1　感官品质

按GB/T 23776的规定执行。

6.2　理化指标

6.2.1　水分检验按GB/T 8304的规定执行。

6.2.2 水浸出物检验按 GB/T 8305 的规定执行。
6.2.3 总灰分检验按 GB/T 8306 的规定执行。
6.2.4 粉末检验按 GB/T 8311 的规定执行。
6.2.5 茉莉花干检验按附录 1B 的规定执行。

6.3 卫生指标

6.3.1 污染物限量检验按 GB 2762 的规定执行。
6.3.2 农药残留限量检验按 GB 2763 的规定执行。

6.4 净含量

按 JJF 1070 的规定执行。

7 检验规则

7.1 抽样

7.1.1 取样以“批”为单位，在生产和加工过程中形成的独立数量的产品为一个批次，同批产品的品质和规格一致。
7.1.2 取样按 GB/T 8302 的规定执行。

7.2 检验

7.2.1 出厂检验

每批产品均应做出厂检验，经检验合格签发合格证后，方可出厂。出厂检验项目为感官品质、水分、粉末和净含量。

7.2.2 型式检验

型式检验项目为第 5 章要求中的全部项目，检验周期每年一次。有下列情况之一时，应进行型式检验：

a）原料有较大改变，可能影响产品质量时；

b）出厂检验结果与上一次形式检验结果有较大出入时；

c）国家法定质量监督机构提出型式检验要求时。

7.3 判定规则

按第 5 章要求的项目，任一项不符合规定的产品均判为不合格产品。

7.4 复验

对检验结果有争议时，应对留存样或在同批产品中重新按

GB/T 8302 规定加倍取样进行不合格项目的复验，以复验结果为准。

8 标志标签、包装、运输和贮存

8.1 标志标签

产品的标志应符合 GB/T 191 的规定，标签应符合 GB 7718 和《国家质量监督检验检疫总局关于修改〈食品标识管理规定〉的决定》的规定。

8.2 包装

应符合 GH/T 1070 的规定。

8.3 运输

运输工具应清洁、干燥、无异味、无污染。运输时应有防雨、防潮、防暴晒措施。不得与有毒、有害、有异味、易污染的物品混装、混运。

8.4 贮存

应符合 GB/T 30375 的规定。

附　录　1A

(资料性附录)

茉莉花茶窨制过程中的配花量

茉莉花茶各级别窨制过程中的配花量见附表 1A. 1

附表 1A. 1　茉莉花茶各级别配花量

单位为 0. 5 kg/50 kg 茶坯

级别	窨次	茉莉花用量
特种茶类	六窨一提或以上	270 或以上
大白毫	六窨一提	270
毛尖	六窨一提	240

（续）

级别	窨次	茉莉花用量
毛峰	六窨一提	220
银毫	六窨一提	200
春毫	五窨一提	150
香毫	四窨一提	130
特级	四窨一提	120
一级	三窨一提	100
二级	二窨一提	70
三级	一压一窨一提	50
四级	一压一窨一提	40
五级	一压一窨一提	30
碎茶	二窨一提	65
片茶	一压一窨一提	30

附　录　1B

(资料性附录)

茉莉花干的检测方法

1B.1　取样

按 GB/T 8302 的规定执行。按四分法缩样至 200 g 左右。

1B.2　检验步骤

用托盘天平（精确度 0.1 g），准确称取样品 100 g（精确至 0.1 g），拣出花干和花托，称量（精确至 0.1 g）。

1B.3　计算

茉莉花干含量按式（1B.1）计算。

$$茉莉花干=\frac{m_1}{m_0}\times100\% \qquad (1B.1)$$

式中：

m_1——花干和花托的总质量，单位为克（g）；

m_0——试样总质量，单位为克（g）。

1B.4　重复性

在重复条件下同一样品两次测定结果不得超过算术平均值的10%。

附录二　GB/T 34779—2017《茉莉花茶加工技术规范》

1　范围

本标准规定了茉莉花茶加工的术语和定义、原料要求、加工基本条件、加工工艺流程、加工技术要求、质量管理、标志、运输和贮存。

本标准适用于茉莉花茶的加工。

2　规范性引用文件

下列文件对于本文件的应用是必不可少的。凡是注日期的引用文件，仅注日期的版本适用于本文件。凡是不注日期的引用文件，其最新版本（包括所有的修改单）适用于本文件。

GB 7718　食品安全国家标准　预包装食品标签通则

GB/T 14456.1　绿茶　第1部分：基本要求

GB 14881　食品安全国家标准　食品生产通用卫生规范

GB/T 22292　茉莉花茶

GB/T 30375　茶叶贮存

GH/T 1070　茶叶包装通则

GH/T 1077　茶叶加工技术规程

定量包装商品计量监督管理办法（国家质量监督检验检疫总局〔2005〕第75号令）

国家质量监督检验检疫总局关于修改《食品标识管理规定》的决定（国家质量监督检验检疫总局〔2009〕第123号令）

3　术语和定义

GB/T 22292界定的以及下列术语和定义适用于本文件。

3.1　茶坯 tea for scenting

经精制工艺加工成一定规格的、可进行窨制（窨花）工艺的烘青或炒青（含半烘炒）绿茶。

3.2　窨制（窨花）tea scenting

茶坯与鲜花拌和后吸附花香的过程。

3.3　打底 aroma - based scenting

茉莉花茶窨制时，先用少量另一种香花（白兰等）窨制，或用少量另一种香花与茉莉鲜花混合付窨，以提高茉莉花茶的香气浓度。

3.4　窨次与转窨 times of scenting

茶坯与鲜花拌和后，经过窨花、通花、收堆续窨、起花、烘焙这一过程为一个窨次，称作“一窨”或“头窨”。第二次及更多次重复这一过程称“转窨”，相应称作“二窨”“三窨”“四窨”……

3.5　窨堆 mixing tea and flowers into heaps

茶坯与鲜花拌和后形成的“堆”。

3.6　通花 spreading during scenting to release heat

茶坯与鲜花拌和经过一段时间，当窨堆内温度升高到一定限度时，耙开窨堆摊凉散热的过程。

3.7　起花 flowers pick - out

窨制后用筛分设备将花渣与湿坯分开的过程。

3.8　湿坯 scented tea without drying

起花后的茶坯。

3.9　花渣 used flowers

经过窨制或提花使用后失水萎蔫的花。

3.10　压花 re - scenting with used flowers

利用还有余香的花渣窨制低档茶的过程。

3.11　花干 dried flower

干燥后的茉莉花。

3.12　盖面 spreading tea on the top of scenting heaps

在窨堆的堆面均匀撒上一层 0.5 cm～1 cm 厚的本批茶坯，使鲜花不外露以减少香气损失的过程。

3.13 提花 final scenting

用少量鲜花最后窨制一次，不经烘焙即匀堆装箱，以提高茉莉花茶香气的鲜灵度。

3.14 烘装 drying and packing

经最后一次窨制，湿坯烘干后不提花直接作为成品匀堆装箱。

4 原料要求

4.1 茶坯应符合 GB/T 14456.1 的规定。

4.2 茉莉鲜花应成熟、饱满、洁白，含苞欲放，无劣变、无污染。

4.3 白兰鲜花应成熟、花瓣未开张、新鲜，无劣变、无污染。

5 加工基本条件

茉莉花茶加工过程中原料采购、加工、包装、贮存和运输等环节的场所、设施、人员的基本要求应符合 GB 14881 和 GH/T 1077 的规定。

6 加工工艺流程

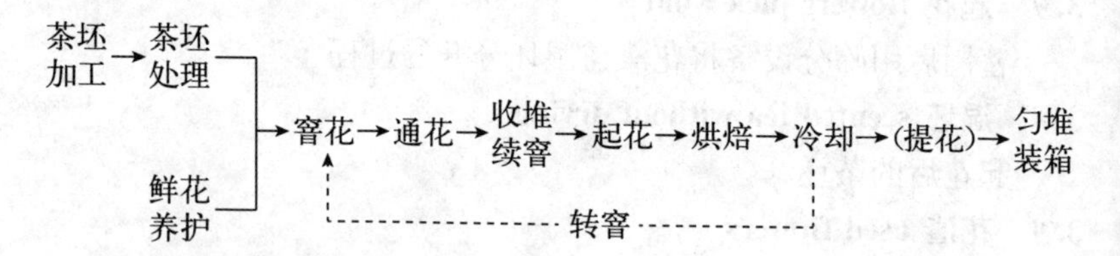

详细工艺流程参见附录 2A。

7 加工技术要求

7.1 茶坯加工

选用烘青或炒青（含半烘炒）绿茶按茶叶精制加工工艺加工成符合窨制茉莉花茶要求的茶坯。

7.2 茶坯处理

窨花前的茶坯宜先经过干燥处理，烘焙温度为 100 ℃～110 ℃、水分含量 4%～5%，烘焙后应及时进行摊凉冷却，待茶叶堆温不高于室温 3 ℃时，才可付窨。

7.3 鲜花养护

采摘后的鲜花用通气的箩筐或网状袋装运。进厂后的鲜花应立即进行薄摊、通气散热，待花温降至近室温时收堆升温，摊放散热和收堆升温交替进行并结合适当翻动，促进茉莉花开放吐香。夏季气温高以“摊”为主，摊花厚度 10 cm 左右；气温低以“堆”为主，堆高 30 cm～40 cm，堆温达到 38 ℃～40 ℃时，再把花堆耙开，薄摊降温。反复摊、堆 3～5 次，当鲜花开放率在 60%以上、开放度（指花瓣张开的角度）50°～60°时即可筛花，剔除青蕾、花蒂，待开放率在 80%以上、开放度达到 90°花蕾开放呈虎爪状即可付窨。

7.4 窨花

7.4.1 打底

打底可用白兰鲜花以摘瓣或整朵付窨，每 100 kg 茶坯总配花量应≤1.5 kg。

7.4.2 窨次和配花量

各级别茉莉花茶的窨次与配花量参见附录 2B。

7.4.3 茶、花拌和

将茶坯和鲜花分层相间摊放并快速均匀拌和，应在 1 h 之内完成。窨堆高 25 cm～40 cm，头窨窨堆宜高，二、三窨窨堆宜低，气温高时窨堆宜低，气温低时窨堆宜高，窨堆宽 120 cm～150 cm，最后用预留茶坯盖面。

7.5 通花

根据窨次、窨制时间和窨堆温度确定通花工序，通花技术指标见附表 2-1。应及时把堆耙开散热，开纵横沟反复 2 次～3 次，摊凉厚度 10 cm 左右，散热时间 0.5 h～1.0 h，通花应快速、通透、通匀。

附表 2-1 通花技术指标

窨次	窨制时间/h	窨堆温度/℃
头窨	5～6	45～48
二窨	4.5～5.5	43～45
三窨	4～4.5	40～45
四窨及以上	4～4.5	38～43

7.6 收堆续窨

当通花摊凉堆温接近室温（不高于室温 3 ℃）时，即可收拢茶坯继续窨制，堆高 20 cm～30 cm，续窨时间 5 h～6 h。

7.7 起花

茶花拌和后窨制历时 10 h～12 h，花已呈萎凋状，色泽由白转微黄，鲜花香气微弱即可起花。起花工序应适时、快速、筛净，在 3 h 之内完成。高档茶先起，中低档茶后起；多窨次茶先起，头窨后起。未能及时起花的，应耙开薄摊散热。窨制时间和湿坯含水率要求见附表 2-2。湿坯含水率计算方法参考附录 2C。

附表 2-2 窨制时间和湿坯含水率

窨次	头窨	二窨	三窨	四窨及以上	提花
窨制时间/h	11～12	10～11	9～10	9～10	6～8
湿坯含水率/%	≥16	12～14	11～12	10～11	≤8.5

7.8 压花

还有余香的花渣可用于压窨低档茶。要求随起随压、拌和均匀。花渣用量每 100 kg 茶坯配花渣 40 kg～50 kg，窨堆高 35 cm～45 cm，压花时间 4 h～5 h。

7.9 烘焙

7.9.1 起花后湿坯应及时烘焙。待烘的湿坯应薄摊，不可闷堆。

7.9.2 烘焙工序应快速，以减少花香散失。烘干温度 90 ℃～110 ℃，头窨高，逐窨降低；摊叶厚度 2 cm～3 cm；在烘时间 10 min 左右。水分按转窨、提花或烘装要求掌握：烘后茶叶待转窨的，含水量控制在 5%～6%，每次烘后比窨前略高；待提花的，含水率控制在

6.5%～7%；烘装的，含水率≤8.5%。

7.9.3 为保持花茶香气鲜灵度，烘干后茶叶应进行摊凉。摊凉后茶叶温度接近室温方可转窨或提花。

7.10 提花

选择晴天午后采收、朵大洁白、饱满成熟的优质茉莉鲜花，鲜花的开放度达到95°左右，配花量每100 kg茶坯配茉莉鲜花5 kg～10 kg，堆高20 cm～30 cm，窨制时间6 h～8 h，起花后花茶含水率控制在8.5%以下，应及时匀堆装箱。

7.11 匀堆装箱

成箱前应抽样试拼小样，对质量进行全面检验，合格后按比例进行匀堆装箱。匀堆要求均匀，上下品质一致。净含量应符合《定量包装商品计量监督管理办法》的规定，包装应符合GH/T 1070的规定。

8 质量管理

8.1 加工过程的卫生管理、质量安全控制应符合GB 14881的规定，不得使用任何添加剂。

8.2 应建立质量安全可追溯管理体系。原料验收、加工过程和各关键控制点应有相应的记录，记录保存期限不得少于两年。

8.3 各等级产品应建立实物标准样，实物标准样每3年更换一次。

8.4 企业应具备与出厂检验项目相适应的检验室和检验能力，依据产品标准对出厂产品逐批进行检验。出厂检验项目包括感官品质、水分、粉末碎茶、净含量、标签等。

9 标志、运输和贮存

9.1 标志

在原料收购、加工、贮存等过程中，每批半成品、成品应编制加工批号或系列号，做好相应的标识，确保最终产品可追溯。产品的标志、标签应符合《国家质量监督检验检疫总局关于修改〈食品标识管理规定〉的决定》和GB 7718的规定。

9.2 运输

运输工具应清洁、干燥、无异味、无污染。运输时应有防雨、防潮、防暴晒措施。不得与有毒、有害、有异味、易污染的物品混装、混运。

9.3 贮存

贮存应符合 GB/T 30375 的规定。

附　录　2A

(资料性附录)

茉莉花茶加工窨制工艺流程

茉莉花茶加工窨制工艺流程见附图 2A.1。

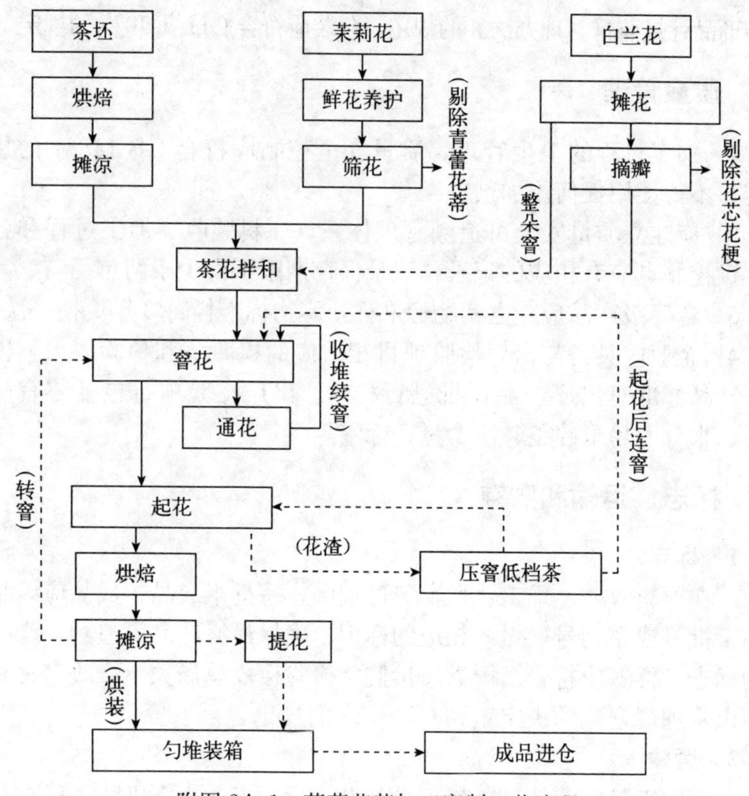

附图 2A.1　茉莉花茶加工窨制工艺流程

附　录　2B

（资料性附录）

茉莉花茶各等级窨次与配花量

茉莉花茶各等级窨次与配花量见附表 2B.1。

附表 2B.1　茉莉花茶各等级窨次与配花量

级别	窨次	茉莉花用量（每 100 kg 茶坯所配净花量）							
		合计	一窨	二窨	三窨	四窨	五窨	六窨	提花
大白毫	六窨一提	270	65	50	45	40	34	30	6
毛尖	六窨一提	240	60	45	38	32	30	29	6
毛峰	六窨一提	220	50	40	36	30	30	28	6
银毫	六窨一提	200	45	40	30	30	25	24	6
春毫	五窨一提	150	40	32	28	24	20		6
香毫	四窨一提	130	40	32	28	24			6
特级	四窨一提	120	38	30	26	20			6
一级	三窨一提	100	38	30	26				6
二级	二窨一提	70	36	26					8
三级	一压一窨一提	50	42						8
四级	一压一窨一提	40	32						8
五级	一压一窨一提	30	22						8
六级	一压半窨一提	20	12						8
碎茶	二窨一提	65	34	25					6
片茶	一压一窨一提	30	22						8

注 1：配花量可以根据季节和鲜花质量进行调整。

注 2：是否需要提花，根据生产实际情况。

注 3：“一压”指茶坯先压花，经起花、烘焙后再窨花，或起花后直接窨花。

注 4：“半窨”指取一半茶坯窨花。

附 录 2C

(资料性附录)

茉莉花茶窨后湿坯含水率、提花配花量计算方法

2C.1 原理

茉莉花茶窨后湿坯含水率用仪器检验测定是最可靠而准确的方法，但较费时且只能在窨后抽样检验，不方便产品质量控制。窨后湿坯含水率与茶坯窨前含水率、配花量、在窨历时存在相关性，因此可用经验公式计算，方便、快速，可以作为生产过程质量控制的参考。

2C.2 计算公式

茶坯窨花后湿坯含水率计算式见式（2C.1）：

$$W=W_1+F\times K\times\frac{1}{100} \qquad (2C.1)$$

提花配花量计算式见式（2C.2）：

$$F=\frac{W-W_1}{K}\times 100 \qquad (2C.2)$$

式中：

W——茶坯窨花后湿坯含水率，%；

W_1——茶坯窨花前含水率，%；

F——配花量即本窨次每百公斤茶坯的用花量，单位为 kg（千克）；

K——常数，即根据茶坯窨花前含水率、在窨历时和配花量，经过实践从大量数据分析中求得的数值，%。

2C.3 *K* 值

常用 K 值见附表 2C.1。

附表 2C.1　K 值表

档别	茶坯窨花前含水率（W_1）/%	在窨历时/h	K 值/%
1	3.5～3.7	12～13	37
2	3.8～4.0	12～13	36
3	4.1～4.3	12～13	35
4	4.4～4.6	12～13	34
5	4.7～4.9	12～13	33
6	5.0～5.2	11～12	32
7	5.3～5.5	11～12	31
8	5.6～5.8	11～12	30
9	5.9～6.1	10～11	29
10	6.2～6.4	10～11	28
11	6.5～6.7	10～11	27
12	6.5～6.7	6～8	26
13	6.8～7.0	6～8	25
14	7.1～7.3	6～8	24
15	7.4～7.6	6～8	23

2C.4　示例

2C.4.1　示例 1

100 kg 特级茶坯，一窨用鲜花 38 kg，茶坯窨花前含水率 4%，在窨历时 12 h，求窨后含水率。

$$F=W_1+F\times K\times\frac{1}{100}=4\%+38\times\frac{36}{100}\times\frac{1}{100}=17.68\%$$

本例 $W_1=4\%$，在窨历时 12 h，查 K 值表对应 K 值在第 2 档 36%，配花量 $F=38$ kg，代入计算式计算得出窨花后湿坯含水率 17.68%。

2C.4.2　示例 2

提花前含水率 7.0%，要求提花后成品水分达 8.5%，在窨历时 8 h，求配花量。

$$F=\frac{W-W_1}{K}\times 100=\frac{8.5\%-7.0\%}{25\%}\times 100=6\ (\mathrm{kg})$$

本例 $W_1=7.0\%$，在窨历时 8 h，查 K 值表对应 K 值在第 13 档 25%，代入计算式计算得出提花用花量 6 kg。

图书在版编目（CIP）数据

茉莉花茶生产与加工 / 罗莲凤等主编. -- 北京 ：中国农业出版社，2024. 12. -- ISBN 978-7-109-32848-8

Ⅰ. S68；TS272.5

中国国家版本馆 CIP 数据核字第 2025SR5023 号

茉莉花茶生产与加工

MOLIHUACHA SHENGCHAN YU JIAGONG

中国农业出版社出版

地址：北京市朝阳区麦子店街 18 号楼

邮编：100125

责任编辑：李　瑜　黄　宇

版式设计：王　晨　　责任校对：张雯婷

印刷：中农印务有限公司

版次：2024 年 12 月第 1 版

印次：2024 年 12 月北京第 1 次印刷

发行：新华书店北京发行所

开本：880mm×1230mm　1/32

印张：4.25

字数：118 千字

定价：33.00 元